老旧建筑安全鉴定及综合改造

韩继云　编著

中国建筑工业出版社

图书在版编目（CIP）数据

老旧建筑安全鉴定及综合改造/韩继云编著. —北京：
中国建筑工业出版社，2018.4
ISBN 978-7-112-21834-9

Ⅰ.①老… Ⅱ.①韩… Ⅲ.①城市建筑-旧建筑物-安
全鉴定②城市建筑-旧建筑物-改造 Ⅳ.①TU746.3

中国版本图书馆 CIP 数据核字(2018)第 033105 号

为贯彻住房和城乡建设部有关"组织开展全国老楼危楼安全排查工作"通知的精神，本书内容针对老旧建筑的安全鉴定和相应的综合改造措施，全面阐述了从房屋检测、危房鉴定到后期综合改造措施的相关问题，目标明确，实用性强，有助于全国老楼危楼安全排查工作的顺利进行。本书具体内容包括：老旧建筑安全排查与鉴定、既有建筑结构检测技术、既有建筑和老旧小区综合改造、既有建筑安全管理等，并附有大量图片及相应的工程实例。

本书适合当前开展老楼危楼安全排查使用。同时，广大关心住房质量的读者也可通过阅读此书，了解自己所住房屋是否出现危险的征兆，从而及时采取措施，防患于未然。

责任编辑：刘婷婷　王　梅
责任设计：李志立
责任校对：焦　乐

老旧建筑安全鉴定及综合改造
韩继云　编著

*

中国建筑工业出版社出版、发行（北京海淀三里河路 9 号）
各地新华书店、建筑书店经销
北京科地亚盟排版公司制版
大厂回族自治县正兴印务有限公司印刷

*

开本：787×1092 毫米　1/16　印张：11½　字数：287 千字
2018 年 4 月第一版　2018 年 4 月第一次印刷
定价：**35.00** 元
ISBN 978-7-112-21834-9
(31773)

编 写 委 员 会

主　　编：韩继云

编写人员：刘立渠　刁　硕　李志强　戈　兵

　　　　　崔古月　王昊伟　张国强　常萍萍

　　　　　张　颢　金唤中

前　言

2014～2016 年全国出现多起房屋倒塌事故的现象，造成人员伤亡和财产损失，社会影响恶劣。根据国务院领导批示和住房城乡建设部的部署，全国各地迅速开展老楼危楼安全大排查、大整治、消除安全隐患工作。

老旧建筑出现安全事故无非是两个方面的原因，一是遇到了超过设计设防的自然灾害，二是工程质量存在问题。针对设计可预期的自然灾害，采取的措施是预防和抵抗，如何避免质量事故是政府管理及建筑行业技术人员的工作重点。每一次工程事故的背后，都会发现设计、施工、使用和维护中某些环节存在疏漏和失误。我国早期工程建设存在重数量轻质量、重建设轻管理的现象，因此，建筑的全寿命周期安全管理需要政策、法规、管理条例的制定和执行，必要的财力、物力的支持和保障，以及从业人员素质和技术水平的提高。

据国家统计局数据，截至 2016 年底，全国房屋建筑面积已达 764 亿平方米（未计入 2009 年以后拆除的建筑面积），使用年限超过 30 年的房屋建筑面积约 295.8 亿平方米，占总面积的 41％。城市化快速推进和房地产业迅猛发展过程中，以往的做法是大量的老旧建筑物和小区被拆除，特别是耗费巨资建造的建筑物被过早拆除，造成经济损失、资源浪费和环境污染等不良后果。

如何治理老旧建筑和小区存在的诸多问题？在 2016 年中央城市工作会议上，李克强总理提出："可通过实施城市修补，解决老城区环境品质下降、空间秩序混乱等问题"。实际上既有建筑和老旧小区不需大拆大建，经过修补修复就可以消除隐患和缺陷，对老旧建筑加固改造、小区更新和现代化改造替代拆除重建，具有重大意义。

本书基于编写组多年的既有建筑鉴定加固改造工程经验总结，以及住房城乡建设部科研课题"全国既有建筑安全管理"和"短命建筑的成因和对策"，北京市住建委调研课题"老旧小区更新研究"的研究成果编写而成。全书内容包括全国老旧建筑物的概况，结构安全检测鉴定技术，建筑物加固和老旧小区改造，以及国内外城市规划、建筑拆除与全寿命周期管理的经验和做法，为实现建筑物全寿命周期的管理，提高我国既有建筑安全管理水平，建立和完善具有中国特色的既有建筑安全管理制度，提供借鉴和参考。

编写组成员来自国家建筑工程质量监督检验中心、北京筑之杰建筑工程检测有限责任公司、浙江省台州市建设工程质量检测中心三个单位。韩继云参与本书第 1～5 章的编写，刘立渠参与第 2 章编写，第 3 章编写人员还有李志强、张国强、张颢，第 4 章编写人员还有刁硕、戈兵、常萍萍，第 5 章编写人员还有崔古月、王昊伟、金唤中，在此向编写单位有关领导、专家的关心和帮助表示感谢！

韩继云

2018 年 4 月 16 日

目　　录

第1章 我国既有建筑情况

1.1 我国既有建筑的数量

改革开放30多年来，我国开展了大规模的工程建设，建筑行业和房地产成为国民经济的重要支柱产业，表1.1-1是国家统计局对1985～2015年我国房屋施工和竣工面积数量的统计数据，2009～2015年我国建筑业房屋竣工的建筑面积为244.34亿㎡，据2009年国家统计局的统计结果，当年我国既有建筑面积达到480多亿㎡，按此推算，至2015年底全国房屋建筑面积已达到724.08亿㎡，由于新建的同时，也拆除了一些老建筑，数据中未计入2009年以后拆除的建筑面积。

如图1.1-1所示，我国工程建设从20世纪90年代中期开始快速发展，2000年以后迅猛发展。2000～2015年16年间竣工的房屋面积为376.85亿㎡，即我国现有建筑中约52%是2000年以后竣工的。

1985年以前的房屋建筑面积为295.8亿㎡，即使用年限超过31年的房屋建筑面积约295.8亿㎡，占总数的41%。

我国建筑业房屋施工和竣工面积统计（单位：亿㎡）　　　　　　表1.1-1

指标＼年份	2015	2014	2013	2012	2011	2010	2009	2008
房屋施工面积	124.257	124.98	113.20	98.64	85.18	70.80	58.86	53.05
房屋竣工面积	42.08	42.34	40.15	35.87	31.64	27.75	24.54	22.36

指标＼年份	2007	2006	2005	2004	2003	2002	2001	2000
房屋施工面积	48.20	41.02	35.27	31.10	25.94	21.56	18.83	16.01
房屋竣工面积	20.40	17.97	15.94	14.74	12.28	11.02	9.77	8.07

指标＼年份	1999	1998	1997	1996	1995	1994	1993	1992
房屋施工面积	14.73	13.76	12.77	12.91	8.98	7.80	6.54	5.19
房屋竣工面积	7.39	6.57	6.22	6.00	3.57	3.24	2.77	2.40

指标＼年份	1991	1990	1989	1988	1987	1986	1985	
房屋施工面积	4.11	3.79	4.06	4.27	3.99	3.78	3.55	
房屋竣工面积	2.02	1.96	1.97	1.91	1.94	1.86	1.71	

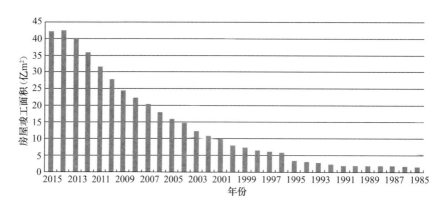

图 1.1-1 1985～2015 年我国房屋竣工面积

表 1.1-1 中的房屋建筑物是指城乡地上和地下的民用与工业建筑及其附属设施，民用建筑包括住宅建筑、公共建筑，其中住宅建筑包括普通住宅、公寓、别墅等；公共建筑包括办公楼、图书馆、学校、医院、剧院、商场、旅馆、车站、航站楼、体育馆、展览馆等；工业建筑包括各行各业的为工业生产的建筑物和构筑物等。

1.2 住宅的产权和结构形式

根据住房和城乡建设部有关房屋权属的相关规定，我国房屋建筑权属划分可分为八类：国有房产、集体所有房产、私有房产、联营企业房产、股份制企业房产、港澳台投资房产、涉外房产、其他房产。

住宅产权分类：商品房、直管公房、公租房、廉租房、自管房、房改房、小产权房、空置房等。

土地性质分类：国有土地、集体土地、农村宅基地。

管理方式：房屋管理局、物业服务公司、企业自管、房主自管等。

《民用建筑设计通则》GB 50352—2005 将住宅建筑依层数划分为：一层至三层为低层住宅，四层至六层为多层住宅，七层至九层为中高层住宅，十层及十层以上为高层住宅，建筑高度大于 100m 的民用建筑为超高层建筑。

民用建筑中住宅的结构形式分为：砖混结构、混凝土结构、钢结构、砖木结构、砖石结构、土坯房、石板结构等。

住宅的结构形式和数量大体分布为：

（1）砖混结构住宅量大面广，大部分为多层结构，最高为 9 层。

（2）混凝土框架和框架-剪力墙结构，从 20 世纪 80 年代中期开始建设，框架以多层居多，少量高层，框架-剪力墙结构住宅以高层居多。

（3）2001 年后在国家政策引导下，钢结构住宅得到快速发展，北京、天津、南京、上海、莱芜、唐山、马鞍山、广州、深圳等地建设了一大批高层或多层钢结构住宅。

（4）砖木结构、砖石结构住宅多为 20 世纪 50～60 年代以前的建筑，使用历史悠久，多数已超过 50 年。

（5）土坯房以农村老房为主，单层结构。

（6）石板结构住宅主要分布在福建等产石材省。

1.3　老旧建筑安全质量问题分析

房屋产生问题的原因多种多样，但总体而言，往往离不开房屋自身质量、房屋使用方面的问题和外荷载作用或外界环境条件改变这三方面的因素。

1.3.1　老旧建筑建设阶段质量问题

房屋自身的原因包括工程勘察失误、设计考虑不周、施工质量较差和早期设计标准低，造成房屋结构安全先天不足。

1. 工程勘察失误

工程勘察失误的主要表现有：

（1）对工程地质、水文地质情况和地基情况了解不全，地基承载力估计过高；不认真进行地勘，随意确定地基承载力。

（2）盲目套用邻近场地的勘察资料，而实际场地与邻近场地地质状况存在较大差异。

（3）勘测钻孔间距过大，深度不足，未能查清软弱层、地下空洞、古河道等隐患；未进行原状取土和取样试验不规范，房屋建成后，高压缩性的软土层或湿陷性黄土产生较大压缩变形，致使建筑物产生过大沉降和沉降差。

2. 设计失误

从 20 世纪 80 年代末开始，结构设计从地基基础到上部结构都已有成熟的计算机设计软件，只要正确使用设计规范和计算机软件，加上专业设计人员的知识和经验，建筑物设计都能保证结构安全，因为结构构件按承载力极限状态设计，当延性破坏时，结构构件可靠性指标 β 为 2.7、3.2、3.7 三个值，相应的结构失效概率为 $3.5 \times 10^{-3} \sim 1.1 \times 10^{-4}$；当脆性破坏时，结构构件可靠性指标 β 为 3.2、3.7、4.2 三个值，相应的结构失效概率为 $6.9 \times 10^{-4} \sim 1.3 \times 10^{-5}$，设计保证了安全度。另外，选取设计荷载时，按荷载规范都是较大的值，使用期间的荷载出现极限值的情况也较少，因此在正常的设计中如果不是出现大的失误，一般是不会在施工及使用阶段出现质量事故的。

设计失误常见的情况有：

（1）时间紧、任务急，"边勘察、边设计、边施工"，结构仅作估算即出图，套用已有图纸而又未结合具体情况；

（2）设计人员受力分析概念不清，结构内力计算错误，结构计算模型与实际受力情况不符；

（3）盲目相信电算，电算错了也出图，不懂制表原理，套用不适用的图表，造成计算错误；

（4）设计计算时，荷载漏项，引起构件承载力不足，未考虑施工过程会遇到特殊情况。

3. 施工质量差

在工程检测鉴定过程中经常发现施工质量差的现象，一方面是建筑市场管理的原因，如低价中标，甚至没有利润的不合理报价，拖欠工程款，拖欠材料款，垫资施工；另一方面是施工单位片面追求产值和利润，没有把好质量关，放松企业内部的质量检查和管理体系；施工人员技术水平不高，很多建筑工人是直接从田地走上了工地，没有受过专业技术培训，责任心不强，违反施工工艺和操作规程，以为"安全度高得很"，因而施工马虎，甚至有意偷工减料；技术人员素质差，不熟悉设计意图，为方便施工而擅自修改设计；砌体结构砌筑方法不当，造成通缝；空心砌块不按设计要求灌注混凝土芯柱；钢结构的焊接质量或焊缝高度达不到设计要求；材料选择和使用错误，导致工程质量问题，如菱镁混凝土楼板垫层，引起钢筋生锈，冬季施工防冻剂质量问题，引起钢筋锈蚀，小厂废钢再加工生产的钢筋，性能不达标的水泥等，砌块出厂放置时间不够就砌墙，出现收缩裂缝，等等。

还有监管方面，有些时候是原材料和构配件质量不能满足设计和材料标准的要求，使用不合格的材料，材料缺乏进场检验，弄虚作假，进场检验的样品与工程所有材料不一致等。施工管理不严，不遵守操作规程，达不到质量控制要求。

4. 建造时所用设计标准过低

早期所用规范由于受经济条件的限制，安全储备相对较低；20 世纪 80 年代所制定的雪荷载、风荷载按"三十年一遇"考虑，其荷载值明显偏小，安全性要求较低，在 1976 年唐山大地震前，很多建筑没有抗震设防或设防要求较低，在遇到地震或突发自然灾害时，往往成了破坏的重灾区。

1.3.2 老旧房屋使用阶段问题

1. 改变用途或增加使用荷载

使用中改变房屋的使用功能、任意增大荷载，如阳台改为厨房或当库房，办公楼改为生产车间，一般民房改为商业或娱乐场所。

2. 随意拆除承重构件或者改造

临街住宅在改造成店面房时，在拆除承重构件或者承重构件上开洞；有的虽经加固处理，但加固时未支顶或拆墙后再加固，均对承重结构造成实质性的损害，严重影响房屋的安全使用。

3. 任意加层扩建

为扩大房屋的使用面积，对原有下层结构未进行验算，就盲目在原有建筑物上加层，增加了原结构及基础的负荷。

开挖地下室增层引起房屋倒塌的事故也时有发生，由于房屋处于繁华的市中心，无法在地上扩大房屋的使用面积，私自非法在室内开挖地下室，引起周边建筑及自身房屋严重破坏或倒塌。

4. 随意搭建扩建的建筑

在原建筑上随意搭建或扩建，有些扩建施工质量差，与原结构连接较弱。

5. 超期使用不做评估

一般房屋结构的设计使用年限为 50 年，按国家相关规范的要求，超过设计使用年限的房屋须进行鉴定。房屋产权人安全意识淡薄，过了设计使用年限继续使用，不委托房屋鉴定机构进行鉴定，难以保证房屋后续使用的安全。

1.3.3　灾害或环境的影响

1. 山体滑坡

建在山坡上或土坡坡脚附近的建筑物会因土坡滑动产生破坏。造成土坡滑动的原因很多，除坡上加载、坡脚取土等人为因素外，土中渗流改变土的性质，特别是降低土层界面强度，以及土体强度随蠕变降低等是重要的原因。

2. 煤气爆炸

在老旧小区，由于煤气管道使用时间长，造成管道煤气泄漏，当煤气达到一定程度遇明火时引起爆炸，爆炸的冲击波引起房屋严重损坏或坍塌。

3. 火灾

火灾是受外作用引起房屋损坏中最多的一类。导致火灾的原因很多，归纳起来不外乎电气事故、生活用火不慎、违反操作规程、自燃及人为纵火等原因。火灾轻者引起过火区域财产损失，重者引起房屋整体坍塌。

4. 车辆或其他撞击

位于公路旁或道路旁的房屋，受车辆或其他撞击引起房屋损坏的现象时有发生。特别当房屋所在路段既有下坡、又有拐弯时，最易发生超载卡车因超速而侧翻的事故，进而撞击邻近房屋，引起房屋的损伤。

5. 房屋周边开挖或降水

大多数发生在软土或砂土地基中，由于建筑物荷载不仅使本建筑物下的土层产生压缩变形，而且在基底压力影响的一定范围内，也会产生压缩变形。同样，在房屋周边人为抽取地下水，而使软土中含水量降低，也会导致地基变形加大，甚至危及结构安全。

6. 台风和暴雨

对于砌体结构的房屋，上部结构通常采用混合砂浆砌筑。当建筑物遭洪水浸泡后，混合砂浆强度显著降低，影响主体结构承载能力，严重时会引起房屋坍塌。

7. 房屋周边爆破施工

房屋周边爆破施工，爆炸的冲击波会引起房屋振动及损坏，轻者门窗变形、玻璃震碎，重者引起房屋严重损坏或坍塌。

8. 地下工程施工

地铁、热力管道等施工不当，影响周围房屋安全。

综上所述，影响既有房屋安全不外乎房屋自身质量、房屋使用方面的问题和外荷载作用三方面的因素，而房屋自身质量是影响房屋是否能安全使用的主要因素，要加强房屋在建时勘察、设计、施工各个环节的质量控制，保证房屋的工程质量；作为房屋的使用者，在使用过程中，不得随意改变结构和使用荷载，加强对房屋的正常维修，注意观察房屋在使用过程中是否出现裂缝、门窗变形等情况；当受到灾害或外界环境条件的改变引起房屋损坏时，房屋产权人应及时委托有资质的房屋鉴定机构鉴定，并采取相应的措施。

1.3.4　老旧房屋倒塌事故分析

近几年我国老旧房屋倒塌和事故频频出现，引起国家和社会关注，对 2013～2016 年部分倒塌房屋情况进行调查，按时间、地点、房屋基本情况和主要原因等情况统计见表1.3-1。

2013~2016 年部分房屋倒塌案例 表 1.3-1

序号	建筑名称/倒塌时间	房屋基本情况	倒塌原因	事故处理及点评
1	浙江某居民楼，2014 年 4 月 4 日一个半单元倒塌（见图 1.3-1）	1994 年建成，6 层砖混结构，安全鉴定结论为 C 级，局部危房	房屋使用不当，违规拆改严重，施工质量存在严重缺陷	对同期建造的周围住宅楼进行检测鉴定后，根据鉴定结论进行了拆除
2	浙江某教师集资房 A、B 幢，2013 年 11 月 9 日凌晨 6 时左右 B 幢发生局部坍塌（图 1.3-2）	建于 20 世纪 80 年代，均为六层砖混结构（底层为架空层作为附属用房）	施工质量差导致地基变形，墙体开裂，鉴定为 A 幢 C 级，B 幢 D 级危房	提前预警，妥善安置住户，两幢危房在 2014 年 4 月 23 日一天时间内被全部拆除完毕
3	贵州省某住宅楼 2015 年 5 月 20 日局部倒塌（见图 1.3-3）	2000 年建成，9 层住宅	大雨造成山体滑坡，引发基础破坏，房屋倒塌	禁止在危险地段建造房屋
4	贵州省某居民楼，2015 年 6 月 9 日全部倒塌（见图 1.3-4）	1995 年建成，原 3 层私建房屋，业主又私自加盖 4 层，为 7 层砖混结构	房屋质量较差，砂浆强度低，因连续下大雨，导致该房基基础承载力下降，基础发生不均匀沉降，最终该房整体失稳、垮塌	汇川区住建局组织人员对垮塌房屋周边的房屋进行检测鉴定后，对邻近存在重大安全隐患的三栋房屋进行了拆除
5	贵州省某 9 层居民楼，2015 年 6 月 14 日局部倒塌（见图 1.3-5）	1994 年建成，9 层砖混结构，鉴定为 C 级危房	一是砌筑砂浆强度低，二是外墙长期渗水处于循环浸泡和曝晒，导致砌体强度降低，三是超载使用	对邻近的另外五栋旧房进行了房屋质量安全鉴定。根据鉴定结果，2015 年 7 月对存在安全隐患的 6 栋房屋进行了拆除
6	浙江某厂房，2015 年 7 月 4 日 16 时 08 分坍塌（见图 1.3-6）	2010 年建成，1~2 层是钢筋混凝土框架结构，后来在屋面上搭建 3~4 层型钢-混凝土排架结构	屋面板上有蓄水池，因屋面荷载过大，钢结构承载力不足，致使房屋结构体系失稳造成厂房坍塌	违章建设房屋质量差
7	浙江杭州某楼，2015 年 7 月 27 日全部倒塌（见图 1.3-7）	4 层砖混结构，用途为商场	房屋在装修时拆除了部分底层外纵墙和承重横墙，削弱房屋整体侧向刚度，造成房屋底层竖向承重构件承载力严重不足	商业房屋多次装修，违规使用
8	浙江某住宅楼，2015 年 9 月 24 日凌晨 4 点 25 分左右，发生了房屋整体坍塌事故（见图 1.3-8）	1989 年底完工，两个单元的六层砖混结构房屋，房屋采用预制预应力钢筋混凝土多孔板	砖和砌筑砂浆抗压强度低，墙体砌筑方式不符合构造要求；部分基桩的实测长度小于施工记录长度，基础存在较大差异沉降，造成墙体倾斜	当天发现险情，及时组织业主撤离，没有人员伤亡；对周围同期设计施工建造的另外 11 栋房屋进行了质量安全鉴定。根据鉴定结果，11 栋房屋住户搬离，停止使用
9	江西某房屋，2016 年 2 月 26 日局部倒塌（见图 1.3-9）	建于 1983 年，底层为商业门市，二、三层为城区房管所办公楼，四、五、六层为住房	直接原因为四层住户装修时私自拆改房屋承重结构，导致构件承载能力不足；间接原因为该房屋设计标准低、安全裕度小以及年久失修、建筑材料性能劣化严重	住户装修监管难度大，装修从业人员无结构安全的相关知识背景，结构安全意识薄弱
10	上海某三层住宅楼，2016 年 4 月 11 日倒塌（见图 1.3-10）	3 层砖混结构	住户装修时拆除承重墙	改变承重结构

图 1.3-1　浙江某居民楼部分倒塌　　　　图 1.3-2　浙江某教师集资房坍塌

图 1.3-3　贵州某住宅楼局部倒塌　　　　图 1.3-4　贵州某居民楼全部倒塌

图 1.3-5　贵州某居民楼局部倒塌　　　　图 1.3-6　浙江某厂房坍塌

图 1.3-7　浙江杭州某楼全部坍塌

图 1.3-8　浙江某住宅整体坍塌

图 1.3-9　江西某住宅楼局部倒塌

图 1.3-10　上海某住宅倒塌

上述 10 个倒塌房屋全部为砖混结构，建造在 20 世纪 80 年代；有 6 个存在施工质量问题；1 个是地基问题，山体滑坡；有 5 个存在使用不规范现象。

根据近几年我国老旧房屋出现倒塌事故的统计情况，初步分析主要问题如下：

1. 使用 20～30 年的多层砖混结构安全问题比较多

据不完全统计，历年来我国发生倒塌事故的房屋中，砖混结构、砖木结构房屋占 81%、钢筋混凝土结构房屋占 8%、钢结构房屋占 11%。

使用 20～30 年的房屋是在 20 世纪 80 年代末期和 90 年代初建设，主要是在建造施工时，施工质量达不到验收规范要求，甚至存在偷工减料现象。对砖基础防潮处理工艺简单，地基基础承载力低，原材料进场控制不严，房屋承重墙的砌筑砖和砂浆强度偏低，砌体结构砌筑方法不当，造成通缝，影响承重墙体强度，预制板连接构造不满足要求等。

2. 地基危险直接造成房屋危险

建造在河边、山区、采空区、海边等危险地段的房屋，在地震、台风、暴雨中地基出现问题或山体滑坡等，造成房屋损坏甚至倒塌。

建造在危险地段的房屋易出现事故，老旧房屋建造时往往没有进行场址安全评估。

3. 除主体结构倒塌损坏外，装饰装修和非结构构件也有安全隐患

主体结构是指建筑物中以建筑材料制成的由梁、板、墙、柱等各种结构构件相互连接的组合体。主体结构的首要功能是承重，保证建筑工程及设施的安全稳定。因此，建筑结构和建筑部件的最主要区别在于是否具有承重的功能，承重构件关乎建筑物的安全，同时，建筑装修和非结构构件出现问题，也会造成安全事故，如装饰装修的外墙贴面砖、外墙抹灰、玻璃幕墙及石材幕墙、广告牌、高层建筑的门窗等非承重建筑部件坠落，非结构构件如女儿墙、雨篷、围墙损坏也存在安全风险。

4. 设备问题引发房屋安全事故

建筑设备的安全主要由产品本身决定，但也与日常维护与使用有关系。既有建筑的设备设施应定期维护和管理，设备设施包括给水排水、采暖通风、空调、电气、防雷等，老旧房屋水管老化损坏或堵塞引发房屋渗漏，电气故障引发火灾，特别是电梯、燃气、煤气等特种设备，电梯事故和燃气爆炸也会造成安全事故和房屋损坏。

5. 使用不规范应引起重视

下列使用方的行为将造成房屋安全隐患：（1）随意拆除承重构件或者在承重构件上开洞，有的虽经加固处理，但加固时未支顶或拆墙后再加固，均对承重结构造成实质性的损害；（2）改变房屋的使用功能，如沿街底层住宅改为商业用途；（3）任意增加使用荷载，超载使用，屋顶绿化荷载加重等；（4）任意加层和随意搭建扩建，此时，为扩大房屋的使用面积，对原有下层结构未进行验算，就盲目在原有建筑物上加层，增加原结构及基础的负荷。

6. 缺乏日常维修保养制度和资金

住房制度改革后，原房管部门和自管房建设单位房改前实施的正常维修保养工作没有得到有效延续，导致维修脱节后有些房屋年久失修。经过各地老旧房屋大排查和安全鉴定，发现老旧房屋安全隐患主要有：房屋年久失修、承重结构破坏、渗漏、墙体开裂、粉刷层脱落、钢筋外露锈蚀、地基沉降和上部结构倾斜等。老旧房屋的问题由于缺乏资金不能及时维修，安全性越来越低。

第 2 章　老旧建筑安全排查与鉴定

2.1　排查鉴定分类和标准

2.1.1　排查鉴定分类

对老旧建筑的安全状况进行检查和评估，可分为以下几个类别，针对不同的类别规定检查要求、检查频次和检查内容以及实施的主体。

1. 日常检查

日常检查主要以目测和观察为主，检查的责任和实施主体是建筑的实际使用者或实际管理人。检查的内容是日常生活中发现的异常现象，如裂缝、变形、剥落、渗漏、异常声响等。

日常检查发现的问题应及时记录，如拍摄照片或文字记录，并上报相关管理部门。

2. 定期检查和排查

定期检查的责任主体是法定责任人、物业、社区或房管部门工作人员等，以房屋外观的破坏程度和破坏数量为主，通过观察和经验判断等手段，辅助以裂缝卡、卷尺、锤子、凿子、螺丝刀、吊锤等简单方便的仪器设备进行检查，必要时核查设计施工资料，根据工程经验对单个建筑物进行评估。

排查是为评估房屋建筑受损或灾后的结构危险性而进行的快速的检查和评价工作，以定性为主，定量评价为辅，多用于成片房屋或灾后群体房屋的评价。检查内容包括裂缝、变形、剥落、渗漏等，建筑所处环境和使用条件、日常检查和维修记录等。根据快速排查检查结果，将建筑状况划分为：基本完好（含完好）、轻微损坏、中等破坏、严重破坏、倒塌五个等级，

定期检查以排查导则为基础，分别从地基基础、上部承重结构及围护结构三个组成部分着手，同时也要了解建筑物使用功能是否有改变，是否受到周围环境的影响。一般情况下，既有建筑地基基础的安全性宜根据是否有不均匀沉降、房屋的倾斜以及上部结构的裂缝分布等进行评价；上部承重结构和围护结构应根据构件的裂缝、结构的整体性、变形及截面损伤等进行评价，详见表 2.1-1。

房屋安全排查主要内容　　　　　　　　　　　　　　　　表 2.1-1

检查对象	检查部位	检查内容
使用条件	结构上的作用	荷载或其分布状况有无显著改变，使用功能有无改变，是否有拆改承重结构现象
	使用环境	周围环境有无改变，是否有地下工程施工、爆破等影响

检查对象	检查部位	检查内容
地基基础	地基基础不均匀沉降在上部结构中的反应，敏感的部位如： ① 砖混结构外墙及门窗洞口周边； ② 框架结构的基础与柱连接部位； ③ 多跨连续的支座部位； ④ 散水、地沟与外墙连接部位； ⑤ 多、高层建筑的整体或其沉降缝处	裂缝； 倾斜变形； 接缝位置侧倾或互倾、挤压
上部结构	易影响结构承载的构件和部位，如： ① 砖混结构承重墙、柱的墙身、柱身以及支承梁或屋架的墙、柱顶部； ② 框架梁、柱的连接部位； ③ 梁的集中荷载作用部位； ④ 多、高层建筑的底部和空旷层的承重柱； ⑤ 悬挑结构或构件支座； ⑥ 钢结构主要构件及其连接的构造； ⑦ 钢结构焊接节点及重要受力焊缝； ⑧ 桁架、深梁的侧向支撑部位及无支撑部位； ⑨ 桁架、钢、木受弯构件跨中部位	结构或构件裂缝、侧弯、倾斜； 跨中挠度过大； 连接处脱开、松动； 焊缝开裂，螺栓松动； 构件侧向位移和变形； 截面损伤； 混凝土构件保护层脱落露筋
	易影响结构使用功能的构件和部位，如： ① 砌体墙、柱易受潮部位； ② 多层砌体房屋内墙面； ③ 平屋顶顶层外墙及女儿墙； ④ 纵、横墙交接部位； ⑤ 外墙面及连接部位； ⑥ 现浇板的板面及角部； ⑦ 预制板间的接缝处、梁上预制板的支座处； ⑧ 桁架、梁、板跨中部位及悬挑构件自由端； ⑨ 外露混凝土构件	风化（粉化）、剥落； 整体性及贯通裂缝； 裂缝、局部破损、渗漏； 挠度、变形； 敲击有无分层音； 冻融损伤
围护系统和装饰装修	屋面防水（卷材防水屋面、刚性防水屋面）； 外围护墙、内隔墙、框架结构填充墙、墙面抹灰层； 外墙保温层及装饰层； 地砖、墙瓷砖； 门窗、栏杆； 外立面幕墙等	裂缝、空鼓、龟裂、断离、破损、渗漏； 表层风化、起砂、起壳、疏松、开裂

定期检查和排查应提交包含检查结果和结论的检查报告，检查报告应给出处理建议，没有问题或小问题不用采取措施；出现了问题采取修复性措施；防止问题扩大采取预防性措施；有疑问不能得出明确结论，或发现问题复杂不能判定时，应建议专业机构进行详细检查和安全鉴定。

住建部 2014 年 4 月下发通知全国老楼危楼安全排查，2015 年继续在全国组织开展安全排查工作。检查范围为：各级城市及县人民政府所在地的建筑年代较长、建设标准较低、失修失养严重的居民住宅以及所有保障性住房和棚户区改造安置住房。在危旧房大排查中，依托城镇既有住宅房屋调查登记信息系统，各县（市、区）危旧房排查机构边调查、边排摸、边录入，形成城镇住宅房屋"一楼一档"基本信息库，摸清城镇国有土地范围内住宅房屋的总体数量和安全状况。

3. 安全鉴定

安全鉴定实施主体是有能力的专业检验机构和专业的鉴定人员，按照国家和行业的相关标准进行详细的检测和鉴定，鉴定项目包括危险房屋鉴定、建筑可靠性鉴定、抗灾害能力鉴定等。

安全鉴定需要详细检查，检查的目标是对建筑物或其部分构件的可靠性进行评价，内容涉及结构体系和构件布置、建筑做法、材料强度、截面尺寸、缺陷和劣化特征及其原因分析、结构分析，以及结构的承载力验算、构造措施核查、安全性、使用性、耐久性评定等。

详细检查和鉴定应提交鉴定报告，鉴定报告应对房屋安全性有明确的鉴定结论，对损伤、裂缝、变形等原因进行科学合理的分析；对于不满足要求的情况，需要做出如何处理的建议，为委托方最后决策提供技术依据，特别是对局部危房和整体危房应处理处置意见，建议包括采取预防性措施、修复性措施、限制使用、停止使用和拆除等。

4. 应急检查鉴定

应急检查的责任主体是政府部门或政府授权的代理人，实施主体是有能力的专业检验机构。

目的：自然灾害和人为灾害等偶然作用对建筑物造成损伤或局部倒塌等情况下，需要对受灾、受损伤的建筑物进行检测鉴定；建筑物受到周围环境的影响，如深基坑开挖降水、地铁或地下管线施工及运营对地面和周围建筑物影响，需要检测鉴定，分析因果关系。

5. 司法和仲裁鉴定

实施的主体是司法鉴定机构和司法鉴定人，国务院司法行政部门主管全国鉴定人和鉴定机构的登记管理工作。省级人民政府司法部门依照人大常委会的决定的规定，负责对鉴定人和鉴定机构的登记、名册编制和公告。在建筑工程领域，依法取得有关建筑工程司法鉴定资格的鉴定机构和鉴定人，受司法机关或仲裁机构的委托，对存在争议或进行诉讼和仲裁的建筑工程质量、材料和安全等与建筑工程相关的专业性问题进行检测鉴定，分析原因，确定责任，为法院和仲裁机构判决提供依据。

2.1.2 既有建筑结构鉴定的标准

进行房屋性能的评估和鉴定，应遵循相关的标准规范，目前我国已经制定了一系列的房屋结构鉴定的标准。

1. 可靠性鉴定的专用标准如下：

（1）《工业建筑可靠性鉴定标准》GB 50144—2008

（2）《民用建筑可靠性鉴定标准》GB 50292—2015

（3）《危险房屋鉴定标准》JGJ 125—2016

（4）《建筑抗震鉴定标准》GB 50023—2009

（5）《混凝土结构耐久性评定标准》CECS 220—2007

（6）《工程结构可靠性设计统一标准》GB 50153—2008（附录 G）

（7）《火灾后建筑结构鉴定标准》CECS 252—2009

（8）《混凝土结构试验方法标准》GB/T 50152—2012

（9）《建筑震后应急评估和修复技术规程》JGJ/T 415—2017

（10）《房屋完损等级评定标准》城住字［1984］第 678 号

2. 与结构鉴定相关的设计标准

上述标准为结构鉴定专用标准，但是只有上述标准进行鉴定工作是远远不够的，还需要应用相关的设计标准，如：

(1)《建筑结构可靠度设计统一标准》GB 50068—2001

(2)《建筑结构荷载规范》GB 50009—2012

(3)《混凝土结构设计规范》GB 50010—2010

(4)《建筑抗震设计规范》GB 50011—2010

(5)《砌体结构设计规范》GB 50003—2011

(6)《钢结构设计规范》GB 50017—2003

(7)《木结构设计规范》GB 50005—2003

(8)《建筑地基基础设计规范》GB 50007—2011

除国家标准和行业标准外，一些直辖市和省市也制定了地方标准，如北京市的地方标准《房屋结构安全鉴定标准》DB11/T 637—2015、《建筑抗震鉴定与加固技术规程》DB11/T 689—2009、《房屋结构综合安全鉴定标准》DB11/T 637—2015。根据北京市人民政府令第 229 号《北京市房屋建筑使用安全管理办法》，北京市从 2011 年 5 月 1 日开始对既有房屋进行定期的安全评估工作，重点对 1979 年以前建造的房屋进行检测、安全性鉴定和抗震鉴定。深圳市针对没有报建手续的房屋办理房产证和地方监督管理，制定了地方标准。

3. 鉴定标准的适用范围

每本标准都有其适用范围，针对不同的工程要求，应正确选择标准规范。

(1) 危房鉴定标准

既有建筑物中有些建造年代久远的老旧房屋，建设时的安全度低，使用多年损伤较重，抗疾风骤雨或火灾爆炸等灾害的能力较弱，结构已严重损坏或承重构件已属危险构件，有可能丧失结构稳定和承载能力，不能保证居住和使用安全的房屋，构成危房。为加强城市危险房屋管理，需要对各种所有制的房屋进行危险性鉴定。

危险房屋鉴定是对房屋危险性判定，房屋危险性划分为 A、B、C、D 四个等级，C 级属于局部危险房屋，D 级属于危险房屋。

危房鉴定标准也适用于需要拆除的房屋鉴定，鉴定为危险房屋的，才具备了拆除的必要条件。

《城市危险房屋管理规定》（中华人民共和国建设部令第 129 号）于 2004 年 7 月 20 日施行，为指导既有房屋安全和危险房屋的鉴定工作，进一步明确了房屋安全鉴定是房屋安全使用和管理的一项重要内容，也是房地产行政主管部门的一项重要职能；建立健全了房屋安全鉴定机构，形成市、区县分级负责的房屋安全鉴定管理体制，为全面履行房屋安全鉴定职能提供组织和技术保证，全国 3180 多个市县和直辖市的各区都设立了房屋安全鉴定机构。

(2) 可靠性鉴定标准

下列情况需要对房屋可靠性鉴定或评级：①建筑物需要加固修复；②建筑物改造或增层、改建或扩建前；③建筑物改变用途或使用环境前；④建筑物达到设计使用年限拟继续使用时；⑤建筑物出现影响安全性或使用性的问题。

可靠性鉴定有《民用建筑可靠性鉴定标准》GB 50292—2015（不含抗震）和《工业建筑可靠性鉴定标准》GB 50144—2008（不含抗震）。

民用和工业建筑可靠性鉴定，主要包括安全性鉴定、使用性鉴定和适修性评定。

按构件、子单元、鉴定单元三个层次，根据构件的各检查项目评定结果，确定单个构件的等级；根据子单元各检查项目及各种构件的评定结果，确定子单元的等级；根据各子单元的评定结果，确定鉴定单元的等级。

1）安全性鉴定，每一层次分为四个等级进行鉴定：

① 构件安全性鉴定（abcd）——混凝土结构、砌体结构和木结构的构件包括承载能力、构造、不适于继续承载的位移（或变形或锈蚀）和裂缝 4 个检查项目，以其中最低一级作为该构件的安全性等级；钢结构构件包括承载能力、构造、不适于继续承载的位移（或变形）3 个检查项目，以其中最低一级作为该构件的安全性等级。

② 子单元的安全性鉴定，分为 ABCD 四级，子单元是指地基基础、上部承重结构和围护结构 3 个子单元。

③ 鉴定单元安全度评定，由子单元组成的结果为基础评定鉴定单元，分为 ABCD 四个等级。

2）使用性鉴定及耐久性鉴定一起评定，每一层次分为三个等级进行鉴定：

① 第一层次构件评定（abc）——混凝土结构构件按位移和裂缝 2 个检查项目分别评定；钢结构构件按位移和锈蚀 2 个检查项目分别评定；砌体结构构件按位移、非受力裂缝和风化 3 个检查项目分别评定；木结构构件以位移、干缩裂缝和初期腐朽 3 个检查项目分别评定，以其中最低一级作为该构件的使用性等级。

② 第二层次子单元评定（ABC），包括地基基础、上部承重结构和围护结构 3 个子单元。

③ 第三层次鉴定单元评定（ABC），由子单元评定等级决定，按三个子单元最低的等级确定。

房屋的可靠性由安全性和使用性确定，分为Ⅰ、Ⅱ、Ⅲ、Ⅳ四级。

（3）抗灾害能力的鉴定

《建筑抗震鉴定标准》GB 50023—2009，适用于对未抗震设防或设防烈度低于规定的建筑进行抗震性能评价。

抗震鉴定的重点——结构是否满足抗震构造措施和地震作用下的承载力要求。

《房屋建筑工程抗震设防管理规定》（中华人民共和国建设部令第 148 号）于 2006 年 4 月 1 日起施行。对抗震鉴定单位的资质进行了规定：未采取抗震设防措施且未列入近期拆除改造计划的房屋建筑工程，应当委托具有相应设计资质的单位按现行抗震鉴定标准进行抗震鉴定；已按工程建设标准进行抗震设计或抗震加固的房屋建筑工程在合理使用年限内，因各种人为因素使房屋建筑工程抗震能力受损的，或者因改变原设计使用性质，导致荷载增加或需提高抗震设防类别的，产权人应当委托有相应资质的单位进行抗震验算、修复或加固。需要进行工程检测的，应委托具有相应资质的单位进行检测。

（4）灾害后损伤鉴定

地震、台风、雨雪和水灾等为自然灾害，爆炸、撞击、火灾等偶然作用属于人为灾害。灾害的频繁发生将对建筑物造成影响和伤害，需要进行灾后安全鉴定。

我国是个多地震的国家，每年都有地震发生，历次大地震造成房倒屋塌或损坏，需要对损伤房屋进行震后应急评估和详细评估。

相关标准有《火灾后建筑结构鉴定标准》CECS 252—2009 和《建筑震后应急评估和修复技术规程》JGJ/T 415—2017,《民用建筑可靠性鉴定标准》GB 50292—2015(附录 G)。

(5)房屋完损

《房屋完损等级评定标准》(城住字〔1984〕第 678 号),自 1985 年 1 月 1 日起在房地产管理所试行。

上述几本鉴定标准对比发现:《危险房屋鉴定标准》JGJ 125—2016 和《民用建筑可靠性鉴定标准》GB 50292—2015,对裂缝宽度、倾斜率、挠度、沉降有要求,对结构体系和构造要求较少;《建筑抗震设计规范》GB 50011—2010 和《建筑抗震鉴定标准》GB 50023—2009,对结构体系、抗震构造连接、地震作用下的承载力有要求,对裂缝宽度、倾斜率无要求。

根据委托方的要求和目的,明确鉴定类型,参见表 2.1-2 选择相关标准。

鉴定标准及其适用范围　　　　　　　　　　　　　表 2.1-2

标准名称	适用范围
《危险房屋鉴定标准》 JGJ 125	对房屋的危险性进行界定,为及时处理危险房屋,确保房屋结构安全。 定位:政府对城市危房的管理或房屋安全管理,为政府管理服务
《民用建筑可靠性鉴定标准》 GB 50292 《工业建筑可靠性鉴定标准》 GB 50144	对房屋的可靠性进行评定,为房屋改造加固加层等提供依据。 定位:为委托方提供鉴定报告,偏重于为技术服务
《建筑抗震鉴定标准》 GB 50023	房屋抗地震灾害的能力鉴定,是否满足当地抗震设防的要求。 定位:地震灾害发生时,小震不坏,中震可修,大震不倒
《火灾后建筑结构鉴定标准》 CECS 252	灾害发生后房屋的损伤程度,不同损伤采用不同的修复方案
《房屋完损等级评定标准》	房屋的完好程度,不仅主体结构和围护结构评定,还包括装修、设备等评定

2.2　房屋危险性鉴定

2.2.1　危房鉴定标准适用性和评定方法

1985 年我国开展了新中国成立以来第一次城镇房屋的全国普查工作,从普查工作的准备到结果公布,历时 2 年多,为配合这次普查,统一评定各类房屋的完损等级标准和危房标准,编制了《房屋完损等级评定标准》(城住字〔1984〕第 678 号),自 1985 年 1 月 1 日起在房地产管理所试行,1986 年 4 月 11 日,原城乡建设环境保护部批准颁发《危险房屋鉴定标准》CJ 13—1986。《房屋完损等级评定标准》将房屋分成完好房、基本完好房、一般损坏房、严重损坏房(即危险房)四个等级,因此《危险房屋鉴定标准》给出了危险构件和危险房屋界限确定的技术标准,第一版于 1986 年开始实施,20 世纪 90 年代进行修订,第二版 1999 年开始实施,2004 年局部修编,现行版是第三版,于 2016 年 12 月 1 日开始实施。

《危险房屋鉴定标准》是我国第一部房屋危险性鉴定领域的行业标准，三十年来一直在全国房管部门的房屋安全鉴定中广泛应用，为规范危险房屋安全鉴定工作，原建设部发布了"关于修改《城市危险房屋管理规定》的决定"（建设部令第129号）。

危房鉴定的目的：为了有效利用既有房屋，准确判断房屋结构的危险程度，及时处理危险房屋，确保房屋结构安全。之所以强调结构安全，一方面因为与建筑装饰装修及设备相比，结构安全更具重要性，装修、设备等依附于主体结构和维护结构，另一方面房屋安全涉及问题较多，如幕墙、外立面装修、电梯、天然气煤气等存在安全隐患，也会影响房屋安全。

由于危房鉴定为在正常使用情况下房屋的安全性或危险程度，也有称之为正常使用情况下的房屋安全性鉴定。

定位：政府对城市危房的管理或房屋安全管理，为政府管理服务。

危房鉴定报告具有一定的时效性，根据《城市危险房屋管理规定》（建设部令第129号）第十一条规定：经鉴定属危险房屋的，鉴定机构必须及时发出危险房屋通知书；属于非危险房屋的，应在鉴定文书上注明在正常使用条件下的有效时限，一般不超过1年。

1. 《危险房屋鉴定标准》的适用范围

适用于高度不超过100m的既有房屋的危险性鉴定，从1986年版的适用于房管局管辖的民用住宅，到现行标准的100m以下的各类用途的建筑，包括有特殊要求的工业建筑、公共建筑、高层建筑、文物保护建筑等工业与民用建筑的危险性鉴定。限定在100m是因为超过百米的建筑为超高层，原标准针对的是多层砌体结构和混凝土结构的房屋，超高层的建筑危险性鉴定没有工程经验和专门研究。

时间上来说，该标准适用于建成2年以上且已投入使用的房屋，因为两个春夏秋冬，房屋的问题可以暴露出来了，不适用于办房产证的房屋，也不适用于新建房屋的质量验收。

危险房屋的定义：房屋结构体系中存在承重构件被评定为危险构件，导致局部或整体不能满足安全使用要求的房屋，即评定结果为C级和D级的房屋。

危险房屋评定原则是八字方针：全面分析，综合判断。重点考虑各危险构件的损伤程度；危险构件在整幢房屋中的重要性、数量和比例；还要考虑危险构件相互间的关联作用及对房屋整体稳定性的影响；周围环境、使用情况和人为因素对房屋结构整体的影响；房屋结构的可修复性。

2. 危险房屋的评定方法

危房鉴定以幢为鉴定单位，分两个阶段，第一阶段为地基危险性鉴定，评定房屋地基的危险性状态；第二阶段为基础及上部结构危险性鉴定，综合评定房屋的危险性等级。

当在第一阶段地基危险性鉴定中，地基评定为危险状态时，应将整幢房屋评定为D级整幢危房；当地基评定为非危险状态时，应在第二阶段鉴定中，按构件、楼层和整栋房屋三个层次，综合评定房屋基础及上部结构和含地下室的状况后作出判断。

第二阶段基础及上部结构危险性鉴定分三个层次，分别为：

第一层次为构件危险性鉴定，其等级评定为危险构件和非危险构件两类。

第二层次为楼层危险性鉴定，其等级评定为A_u、B_u、C_u、D_u四个等级，A_u级：无危险点；B_u级：有危险点；C_u级：局部危险级；D_u级：整体危险。

第三层次为房屋危险性鉴定，其等级评定为A、B、C、D四个等级。A级：无危险构件，房屋结构能满足安全使用要求；B级：个别结构构件评定为危险构件，但不影响主体结构安全，基本能满足安全使用要求；C 级：部分承重结构不能满足安全使用要求，房屋局部处于危险状态，构成局部危房；D 级：承重结构已不能满足安全使用要求，房屋整体处于危险状态，构成整幢危房。

2.2.2　地基危险性鉴定

地基的危险性鉴定应包括地基承载能力、地基沉降、土体位移等内容，有一项达到指标即为地基属于危险状态。地基危险性状态鉴定可采用房屋近期沉降、倾斜观测，分析观测报告和检测上部结构因不均匀沉降引起的裂缝等，结合地质勘察报告对地基的状态进行分析和判断，缺乏地质勘察资料时，必要时补充地质勘察。

1. 地基承载力验算

地基进行承载力验算时，应通过地质勘察报告等资料来确定地基土层分布及各土层的力学特性，同时宜考虑建造时间对地基承载力提高的影响。地基承载力提高系数可参照《建筑抗震鉴定标准》GB 50023 相应规定取值，该标准第 4.2.7 条规定，天然地基根据 P_0/f_s 的比值 [P_0—基础底面实际平均压应力（kPa），f_s—地基土静承载力特征值（kPa）]，按《建筑地基基础设计规范》GB 50007 计算，承载力特征值提高系数分别为 1.0、1.05、1.1、1.2，见表 2.2-1。

地基土静承载力长期压密提高系数　　　　　　　　表 2.2-1

年限与岩土类别	P_0/f_s			
	1.0	0.8	0.4	<0.4
2 年以上的砾、粗、中、细、粉砂	1.2	1.1	1.05	1.0
5 年以上的粉土和粉质黏土				
8 年以上的地基土静承载力标准值大于 100kPa 的黏土				
使用期不够或岩土、碎石土、其他软弱土，提高系数取 1.0				

2. 基础沉降及上部结构倾斜开裂的评定

（1）层数小于等于 6 层，高度小于等于 24m 的单层或多层房屋地基出现下列现象之一时，应评定为危险状态：

① 当房屋处于自然状态时，地基沉降速率连续两个月大于 4mm/月，并且短期内无收敛趋势；当房屋处于相邻地下工程施工影响时，地基沉降速率大于 2mm/天，并且短期内无收敛趋势。地基稳定的标志。（1~4）mm/100 天；地基危险的标志：连续两个月（60 天）大于 4mm/月，相邻地下工程施工影响是个短暂的临时的特殊状态，收敛趋势或发展趋势都需要定期多次观测才能确定。

② 因地基变形引起砌体结构房屋承重墙体产生单条宽度大于 10mm 的沉降裂缝，或产生最大裂缝宽度大于 5mm 的多条平行沉降裂缝，且房屋整体倾斜率大于 10‰；因地基变形引起混凝土结构房屋框架梁、柱因沉降变形出现开裂，且房屋整体倾斜率大于 10‰。（"且"指因地基变形引起的开裂与整体倾斜两项同时满足）

③ 两层及两层以下房屋整体倾斜率超过 30‰，三层及三层以上房屋整体倾斜率超过 20‰，没有裂缝出现时，房屋的倾斜到达指标也是危险状态，因为无裂缝，只有整体倾斜达到 2%，如果进深为 10m 的房间，高低差达到 200mm，虽然房屋不至于倒塌，但影响

正常使用。

（2）当层数大于 6 层，高度大于 24m、小于 100m 的高层房屋地基出现下列现象之一时，应评定为危险状态：

① 不利于房屋整体稳定性的倾斜率增速连续两个月大于 0.5‰/月，且短期内无收敛趋势。（注：增速是个相对值，且短期，没有规定短期的具体时间。）

② 上部承重结构构件及连接节点因沉降变形产生裂缝，且房屋的开裂损坏趋势仍在继续发展；沉降变形门窗、装饰装修、围护结构先出现问题，然后主体结构构件及连接节点才产生裂缝，是否继续发展需要多次观测才能判定。

③ 房屋整体倾斜率超过表 2.2-2 规定的限值。

高层房屋整体倾斜率限值　　　　　　　　　　表 2.2-2

房屋高度（m）	$24 < H_g \leqslant 60$	$60 < H_g \leqslant 100$
倾斜率限值	0.7%（1/143）	0.5%（1/200）

注：H_g 为自室外地面起算的建筑物高度（m）。

高层建筑的倾斜率限值没有统计数据，工程案例很少，有待于时间和工程的检验，表 2.2-2 规定的限值是按照设计规范允许值放大 1.5 倍。

倾斜率是指房屋立面倾斜值与房屋总高度的比值，需要根据检测结果进行计算。房屋总高度指从室外地面算起至房屋主要檐口的高度（注意：室内外有高差）。

整体倾斜率指单一方向倾斜率的平均值，同方向倾斜取平均值，不同方向倾斜取绝对值的平均值或矢量和。

整体倾斜应为地基不均匀沉降引起的，不应包括施工时立面的施工偏差。

3. 土体水平位移的评定

地基不稳定产生滑移，水平位移量大于 10mm，且仍有继续滑动迹象，应评定为地基危险状态。

4. 地基沉降观测及不均匀沉降引起的上部结构的反应

地基不均匀沉降引起上部结构的反应有三种：

（1）墙柱倾斜，做柱顶、屋顶水平位移检测，在受到影响期间，定期多次观测，排除施工偏差的因素；

（2）楼板倾斜，楼面倾斜甚至卫生间倒坡，做楼面超平检测；

（3）沉降裂缝，观察裂缝形态和分布，检测最大裂缝宽度和长度。

基础沉降引起上部结构的反应有上部结构倾斜和开裂，特点是向沉降大的方向倾斜，裂缝向沉降大的方向斜向延伸。房屋出现倾斜，首先门窗开关不灵，然后装饰装修、抹灰、轻质隔断墙出现问题，围护结构出现裂缝变形；倾斜在结构中会产生附加内力，与荷载等作用下的内力叠加，拉应力、剪应力等超过材料强度会开裂，影响结构的适用性和安全性；房屋出现倾斜增大，主体结构开裂、变形，倾斜继续增大，严重时发生房屋局部倾覆倒塌或整体破坏。

5. 沉降裂缝的位置和方向

地基不均匀沉降裂缝一般在房屋建成后出现，有时在施工后期出现，一般 1～2 年内就趋于稳定，有的随着时间长期变化，裂缝宽度开展至十几厘米才稳定。基础变形和地面运动，通过基础带动上部结构，在上部结构中产生较大的附加内力，一般是弯曲应力和剪切应力，该应力和其他应力叠加，超过了材料强度时，上部墙体或梁柱产生裂缝。

混凝土框架结构不均匀沉降裂缝首先在柱或梁上出现，或在梁、柱交界处出现。在梁上出现时，裂缝分布在两端，在沉降大的一端，梁底开始出现下宽上窄的裂缝；在沉降小的一端，梁顶开始出现上宽下窄的裂缝。如图 2.2-1 所示。

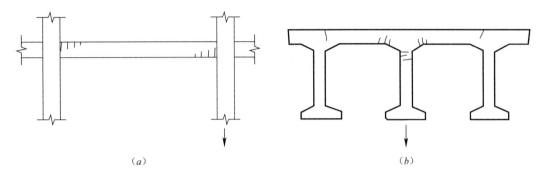

（a）　　　　　　　　　　　　　　　　　　　（b）

图 2.2-1　混凝土框架结构不均匀沉降裂缝

造成地基变形的因素很多，如地基土质不均匀，局部存在软土、填土、冲河、古河道等；基底荷载差异过大，建筑物存在高低差，基础形式和埋深不同；结构物刚度差别悬殊，建筑物各部分结构类型不同等。地基变形不协调时，如建筑物地基沉降不均匀，各部位存在较大差异沉降变形，当这种差异大到一定程度后，就会引起上部结构裂缝。对于建筑物整体而言，不均匀沉降裂缝的特点是：底层重、上层轻；外墙重、内墙轻；开洞墙重、实体墙轻，且大多为斜向裂缝，少数为竖向和水平裂缝。

当房屋中部沉降大、两端沉降小时，房屋的中下部受拉、上部受压、端部受剪，墙体由于剪力产生的主拉应力过大而开裂，这种沉降裂缝一般呈正"八"字形，裂缝越在中下部的门窗孔部位越严重，中间沉降大的地基变形引起的上部结构裂缝如图 2.2-2 所示；当两端沉降大、中部沉降小时，房屋一般由于中部受拉出现竖向裂缝，两端沉降大时引起的上部结构裂缝如图 2.2-3 所示；当房屋一端存在软弱土层沉降大，另一端沉降小时，一般

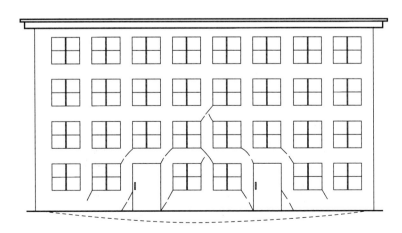

图 2.2-2　中间沉降大不均匀沉降裂缝

由于剪应力产生斜向裂缝，一端沉降大时引起的上部结构倾斜裂缝如图 2.2-4 和图 2.2-5 所示；由于基础类型和埋深不同，在交界处墙面产生上大下小的竖向裂缝如图 2.2-6 所示。

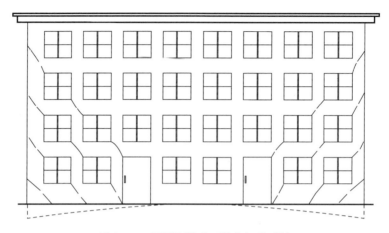

图 2.2-3　两端沉降大不均匀沉降裂缝

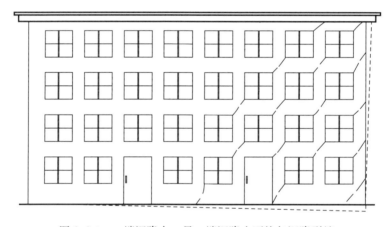

图 2.2-4　一端沉降大、另一端沉降小不均匀沉降裂缝

图 2.2-5　不均匀沉降裂缝照片

图 2.2-6　基础类型和埋深不同不均匀沉降裂缝

2.2.3　构件危险性鉴定

1. 基础构件

基础构件的危险性鉴定包括基础构件的承载能力、裂缝和变形三个内容，有一个内容达到即为危险构件。

（1）基础构件承载能力与其作用效应的比值不满足下式的要求，为危险构件。

$$\frac{R}{\gamma_0 S} \geqslant 0.90$$

式中　R——结构构件抗力（N）；

$\quad\quad\ S$——结构构件作用效应（N）；

$\quad\quad\ \gamma_0$——结构构件重要性系数。

必要时，宜结合开挖方式对基础构件进行检测，通过验算承载力进行判定。

（2）不开挖的情况下，可通过分析房屋近期沉降、倾斜观测资料和其因不均匀沉降引起上部结构反应的检查结果进行判定。判定时，应重点检查基础与承重砖墙连接处的水平、竖向和斜向阶梯形裂缝状况，基础与框架柱根部连接处的水平裂缝状况，房屋的倾斜位移状况，地基滑坡、稳定、特殊土质变形和开裂等状况。

如出现下述现象，应评定为危险构件：因基础老化、腐蚀、酥碎、折断导致上部结构出现明显倾斜、位移、裂缝、扭曲等，或基础与上部结构承重构件连接处产生水平、竖向或阶梯形裂缝，且最大裂缝宽度大于 10mm。

（3）基础已有滑动，水平位移速度连续 2 个月大于 2mm/月，且在短期内无收敛趋向，评定为危险。

2. 上部结构构件和围护结构承重构件危险性鉴定

上部结构构件和围护结构承重构件危险性鉴定包括承载能力、构造与连接、裂缝和变形等内容。

（1）结构构件承载力评定

构件承载力验算应按照现行设计规范（2010 年）进行，计算时可不考虑地震作用（明确说明了不含地震），且根据不同建造年代的房屋，其抗力 R 与效应 S 之比的调整系数 φ 应按表 2.2-3 取用。

结构构件抗力与效应之比调整系数（φ） 表 2.2-3

构件类型 房屋类型	砌体构件	混凝土构件	木构件	钢构件
Ⅰ（1989 年以前）	1.15（1.10）	1.20（1.10）	1.15（1.10）	1.00
Ⅱ（1989～2002 年）	1.05（1.00）	1.10（1.05）	1.05（1.00）	1.00
Ⅲ（2002 年以后）	1.00	1.00	1.00	1.00

以建造年代的安全度为标准，不必要都按现行标准为准，以免增加社会负担和社会稳定问题；历次规范修订中，混凝土结构安全度变化大，钢结构变化不大，主要在材料系数等，钢结构材料单一，均质性强；调整系数也经过试算得出来的，1974 版规范和 1989 版规范调整是有限的，2001 版规范开始安全度大幅提高。表 2.2-3 中括号内数值适用于试验室、阅览室、会议室、食堂、餐厅等民用建筑及工业建筑。

砌体结构、混凝土结构、木结构、钢结构的构件承载力验算，不满足下列公式即为危险构件：

主要构件 $\qquad \varphi \dfrac{R}{\gamma_0 S} \geqslant 0.90$

一般构件 $\qquad \varphi \dfrac{R}{\gamma_0 S} \geqslant 0.85$

承载能力验算中 R 应按实测的材料强度和实际的截面面积计算，结构或构件的几何参数应采用实测值，并应计入锈蚀、腐蚀、腐朽、虫蛀、风化、裂缝、缺陷、损伤以及施工偏差等的影响，如果能加固修复，截面损伤可以不考虑。

作用效应 S 计算：与结构体系、构件布置、荷载有关。

（2）构造和连接检查评定

砌体结构应重点检查不同类型构件的构造连接部位，纵横墙交接处的斜向或竖向裂缝状况，承重墙体的变形、裂缝和拆改状况，拱脚裂缝和位移状况，以及圈梁和构造柱的完损情况等。检查时应注意其裂缝宽度、长度、深度、走向、数量及分布，并应观测裂缝的发展趋势。

混凝土结构构件应重点检查墙、柱、梁、板及屋架的受力裂缝和钢筋锈蚀状况，柱根和柱顶的裂缝，屋架倾斜以及支撑系统的稳定性等。

木结构构件应重点检查腐朽、虫蛀、木材缺陷、节点连接、构造缺陷、下挠变形、偏心失稳，以及木屋架端节点受剪面裂缝状况，屋架的平面外变形及屋盖支撑系统稳定状况等。

钢结构构件应重点检查各连接节点的焊缝、螺栓、铆钉等情况；应注意钢柱与梁的连接形式，支撑杆件，柱脚与基础连接部位的损坏情况，钢屋架杆件弯曲、截面扭曲、节点板弯折状况和钢屋架挠度、侧向倾斜等偏差状况。

（3）裂缝评定

房屋安全鉴定中，构件裂缝是一个重要指标，裂缝的评定见表 2.2-4。

危险构件裂缝的评定 表 2.2-4

结构形式	裂缝评定
砌体结构	受压墙、柱受力方向裂缝宽>1mm、缝长>1/2层高，或缝长>1/3层高的多条竖向裂缝； 支撑梁或屋架的局部墙体或柱截面产生多条竖向裂缝，或裂缝宽度>1mm； 墙、柱因偏心受压产生水平裂缝； 单片墙或柱与相邻构件连接处断裂成通缝； 墙或柱出现因刚度不足引起在挠曲部位出现水平或交叉裂缝
混凝土结构	梁、板产生挠度>$l_0/150$，且受拉区的裂缝宽度>1.0mm，或梁、板受力主筋处产生横向水平裂缝或斜裂缝，缝宽>0.5mm，板产生宽度>1.0mm的受拉裂缝； 简支梁、连续梁跨中或中间支座受拉区产生竖向裂缝，其一侧向上或向下延伸达梁高的2/3以上，且缝宽>1.0mm，或在支座附近出现剪切斜裂缝； 预应力梁、板产生竖向通长裂缝，或端部混凝土松散露筋，或预制板底部出现横向断裂缝或明显下挠变形； 现浇板面周边产生裂缝，或板底产生交叉裂缝； 压弯构件端节点连接松动，且伴有明显的裂缝；柱因受压产生竖向裂缝，保护层剥落，主筋外露锈蚀，或一侧产生水平裂缝，缝宽>1.0mm，另一侧混凝土被压碎，主筋外露锈蚀； 钢筋混凝土墙中部产生斜裂缝； 屋架产生>$l_0/200$的挠度，且下弦产生横断裂缝，缝宽>1.0mm； 悬挑构件受拉区的裂缝宽度>0.5mm
木结构	对受拉、受弯、偏心受压和轴心受压构件，其斜纹理或斜裂缝的斜率 ρ 分别大于7%、10%、15%和20%； 受压或受弯木构件干缩裂缝深度超过构件直径的1/2，且裂缝长度超过构件长度的2/3
钢结构	构件或连接件有裂缝或锐角切口

（4）变形评定

房屋的危险性鉴定中，构件变形也是一个重要指标，变形的评定见表 2.2-5。

危险构件变形的评定 表 2.2-5

结构形式	变形评定
砌体结构	单片墙或柱产生相对于房屋整体的局部倾斜变形大于7‰； 墙或柱出现因刚度不足引起的挠曲鼓闪等侧弯变形现象，侧弯变形矢高大于 $h/150$； 上承过梁的墙体产生明显的弯曲、下挠变形； 砖筒拱、扁壳、波形筒拱的拱曲面明显变形，或拱脚明显位移
混凝土结构	梁、板产生超过 $l_0/150$ 的挠度，且受拉区的裂缝宽度>1.0mm； 预制板底部出现横向断裂缝或明显下挠变形； 柱或墙产生相对于房屋整体的倾斜、位移，其倾斜率>10‰，或其侧向位移量>$h/300$； 屋架产生>$l_0/200$的挠度，且下弦产生横断裂缝，缝宽>1.0mm； 屋架的支撑系统失效导致倾斜，其倾斜率>20‰
木结构	连接方式不当，构造有严重缺陷，已导致节点松动变形、滑移、沿剪切面开裂、剪坏或铁件严重锈蚀、松动致使连接失效等损坏； 主梁产生的挠度>$l_0/150$； 屋架产生的挠度>$l_0/120$，或平面外倾斜量超过屋架高度的1/120 檩条、搁栅产生的挠度>$l_0/100$； 木柱侧弯变形，其矢高>$h/150$
钢结构	焊缝、螺栓或铆接有拉开、变形、滑移、松动、剪坏等严重损坏； 梁、板等构件挠度>$l_0/250$，或>45mm； 实腹梁侧弯矢高>$l_0/600$，且有发展迹象； 钢柱顶位移，平面内>$h/150$，平面外>$h/500$，或>40mm； 屋架产生>$l_0/250$或挠度>40mm； 屋架支撑系统松动失稳，导致屋架倾斜，倾斜量>$h/150$

（5）截面损失

受灾害影响或日久天长的环境影响，构件截面损失过多变成危险构件，也会影响安全性，截面损失的评定见表 2.2-6。

危险构件截面损失的评定 表 2.2-6

结构形式	截面损失评定
砌体结构	承重墙或柱表面风化、剥落，砂浆粉化等，有效截面削弱程度>15%
混凝土结构	梁、板主筋的钢筋截面锈损率>15%； 构件混凝土有效截面削弱程度>15%，或受力主筋截断>10%
木结构	柱顶劈裂、柱身断裂、柱脚腐朽等受损面积大于原截面20%以上
钢结构	受力构件因锈蚀导致截面锈损量大于原截面的10%

（6）构造要求

构件的连接构造是安全性的重要保障，构造出现问题将造成构件危险，构造评定见表 2.2-7。

危险构件构造要求评定 表 2.2-7

结构形式	构造要求评定
砌体结构	墙体高厚比超过国家标准《砌体结构设计规范》GB 50003 允许高厚比的 1.2 倍
混凝土结构	梁、板有效搁置长度小于现行相关标准规定值的70%
木结构	连接方式不当，构造有严重缺陷，导致节点松动变形、滑移、沿剪切面开裂、剪坏或铁件严重锈蚀、松动致使连接失效等损坏
钢结构	连接方式不当，构造有严重缺陷； 受压构件的长细比大于现行国家标准《钢结构设计规范》GB 50017 中规定值的 1.2 倍

（7）直接评定

为提高工作效率，《危险房屋鉴定标准》规定满足下列三个条件时可直接评定为非危险构件：① 构件未受结构性改变、修复或用途及使用条件改变的影响；②构件无明显的开裂、变形等损坏；③构件工作正常，无安全性问题。

如三个条件同时满足，则不用计算承载力了，只要检查外观和工作状态。

上部结构构件和围护结构承重构件危险性鉴定有四个项目：承载能力、构造与连接、裂缝和变形。其中一个达到危险性，就可以直接评定为危险构件，所以直接找到最差的项目就可以评定了。

裂缝和变形是容易检查和发现的，承载力不够是外观检查发现不了的，只能通过计算分析，如果外观没有裂缝和变形，但又不能直接判定为非危险构件时，还应检查构造措施和承载力验算。

2.2.4 房屋的危险性鉴定

1. 基础危险性评定

（1）基础危险构件综合比例应按下式确定：

$$R_f = n_{df}/n_f \qquad (2.2-1)$$

式中　R_f——基础层危险构件综合比例（％）；（基础＝楼层）

　　　　n_{df}——基础危险构件数量；

　　　　n_f——基础构件数量。

（2）基础层危险性等级判定准则应符合下列规定：

① 当 $R_f=0$ 时，基础层危险性等级评定为 A_u 级（没有危险构件）；

② 当 $0<R_f<5\%$ 时，基础层危险性等级评定为 B_u 级（危险构件的比例小于 5％）；

③ 当 $5\%\leqslant R_f<25\%$ 时，基础层危险性等级评定为 C_u 级（危险构件的比例大于 5％，小于 25％）；

④ 当 $R_f\geqslant25\%$ 时，基础层危险性等级评定为 D_u 级（危险构件的比例大于 25％）。

2. 上部结构（含地下室）各楼层的危险性评定

（1）上部结构（含地下室）各楼层的危险构件综合比例应按式（2.2-2）确定。当本层下任一楼层中竖向承重构件（含基础）评定为危险构件时，本层与该危险构件上下对应位置的竖向构件不论其是否评定为危险构件，均应计入危险构件数量。构件的重要性系数：中柱 3.5，边柱 2.7，角柱 1.8，墙 2.7，屋架 1.9，主梁 1.9，边梁 1.4，次梁 1.0，楼板 1.0，围护结构 1.0。

$$R_{si} = \frac{3.5n_{dpci} + 2.7n_{dsci} + 1.8n_{dcci} + 2.7n_{dwi} + 1.9n_{drti} + 1.9n_{dpmbi} + 1.4n_{dsmbi} + n_{dsbi} + n_{dsi} + n_{dsmi}}{3.5n_{pci} + 2.7n_{sci} + 1.8n_{cci} + 2.7n_{wi} + 1.9n_{rti} + 1.9n_{pmbi} + 1.4n_{smbi} + n_{sbi} + n_{si} + n_{smi}}$$

$$(2.2\text{-}2)$$

式中　　　　　　　R_{si}——第 i 层危险构件综合比例（％）；

n_{dpci}、n_{dsci}、n_{dcci}、n_{dwi}——第 i 层中柱、边柱、角柱及墙体危险构件数量；

n_{pci}、n_{sci}、n_{cci}、n_{wi}——第 i 层中柱、边柱、角柱及墙体构件数量；

n_{drti}、n_{dpmbi}、n_{dsmbi}——第 i 层屋架、中梁、边梁危险构件数量；

n_{rti}、n_{pmbi}、n_{smbi}——第 i 层屋架、中梁、边梁构件数量；

n_{dsbi}、n_{dsi}——第 i 层次梁、楼屋面板危险构件数量；

n_{sbi}、n_{si}——第 i 层次梁、楼屋面板构件数量；

n_{dsmi}——第 i 层围护结构危险构件数量；

n_{smi}——第 i 层围护结构构件数量。

（2）上部结构（含地下室）楼层危险性等级判定应符合下列规定：

① 当 $R_{si}=0$ 时，楼层危险性等级评定为 A_u 级（没有危险构件）；

② 当 $0<R_{si}<5\%$ 时，楼层危险性等级评定为 B_u 级（危险构件的综合比例小于 5％）；

③ 当 $5\%\leqslant R_{si}<25\%$ 时，楼层危险性等级评定为 C_u 级（危险构件的综合比例大于 5％，小于 25％）；

④ 当 $R_{si}\geqslant25\%$ 时，楼层危险性等级评定为 D_u 级（危险构件的综合比例大于 25％）。

3. 房屋的危险性评定

（1）整体结构（含基础、地下室）危险构件综合比例应按下式确定：

$$R = \left(3.5n_{df} + 3.5\sum_{i=1}^{F+B}n_{dpci} + 2.7\sum_{i=1}^{F+B}n_{dsci} + 1.8\sum_{i=1}^{F+B}n_{dcci} + 2.7\sum_{i=1}^{F+B}n_{dwi} + 1.9\sum_{i=1}^{F+B}n_{drti} \right.$$

$$\left. + 1.9\sum_{i=1}^{F+B}n_{dpmbi} + 1.4\sum_{i=1}^{F+B}n_{dsmbi} + \sum_{i=1}^{F+B}n_{dsbi} + \sum_{i=1}^{F+B}n_{dsi} + \sum_{i=1}^{F+B}n_{dsmi} \right) \Bigg/ \left(3.5n_f + 3.5\sum_{i=1}^{F+B}n_{pci} \right.$$

$$+2.7\sum_{i=1}^{F+B}n_{sci}+1.8\sum_{i=1}^{F+B}n_{cci}+2.7\sum_{i=1}^{F+B}n_{wi}+1.9\sum_{i=1}^{F+B}n_{rti}+1.9\sum_{i=1}^{F+B}n_{pmbi}$$

$$+1.4\sum_{i=1}^{F+B}n_{smbi}+\sum_{i=1}^{F+B}n_{sbi}+\sum_{i=1}^{F+B}n_{si}+\sum_{i=1}^{F+B}n_{smi}\bigg) \tag{2.2-3}$$

式中　R——整体结构危险构件综合比例；

　　　F——上部结构层数；

　　　B——地下室结构层数。

（2）房屋危险性等级判定准则为：

① 当 $R=0$，应评定为 A 级；

② 当 $0<R<5\%$，若基础及上部结构各楼层（含地下室）危险性等级不含 D_u 级时，应评定为 B 级，否则应为 C 级；

③ 当 $5\%\leqslant R<25\%$，若基础及上部结构各楼层（含地下室）危险性等级中 D_u 级的层数不超过 $(F+B)/3$ 时（总层数），评定为 C 级，否则为 D 级；

④ 当 $R\geqslant25\%$ 时，评定为 D 级。（25%是规范组协商的结果，比较偏于严格的规定）

2.2.5　危险房屋鉴定实例

1. 工程概况

某办公楼为 2 层钢筋混凝土框架结构，建筑面积约为 700m²，始建于 1995 年，基础采用钢筋混凝土独立基础，1、2 层结构平面布置见图 2.2-7 和图 2.2-8，楼板、屋面板均采用钢筋混凝土现浇板。近期，该楼东侧新建楼盘施工，由此引起办公楼 1、2 层梁与墙体出现较多裂缝，经过现场检测和验算分析，检测和计算结果见表 2.2-8，为了解房屋的危险程度，对办公楼进行危险性鉴定。

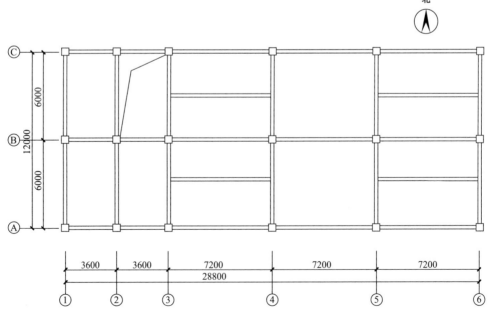

图 2.2-7　1层结构平面图

北

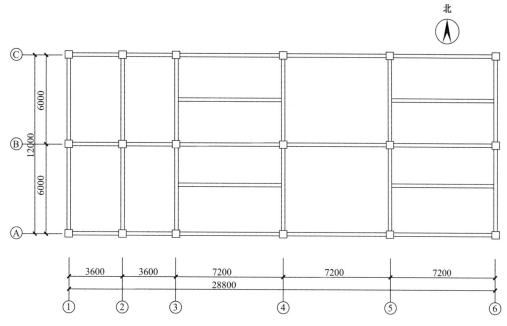

图 2.2-8　2 层结构平面图

检测和验算结果

表 2.2-8

地基	新建楼盘基础施工期间沉降速度为 0.5mm/天，现基础已回填，变形停止
基础	6-A 轴、6-B 轴、6-C 轴 3 个柱基础有下沉，挖开后检查发现，基础与框架柱根部连接处出现水平裂缝，所有基础的承载力均大于作用效应
上部结构	（1）构件承载力验算 1 层 3-B 轴柱上竖向荷载为 1180kN，柱的承载力为 1120kN； 1 层 5-B 轴柱上竖向荷载为 1320kN，柱的承载力为 1056kN；1 层 B-5-6 轴梁上荷载引起的最大弯矩为243kN·m，梁能承担的弯矩为 196kN·m，其余构件的承载力均大于作用效应。 （2）裂缝分布情况 1 层 A-5-6 轴梁的 6 号轴端有剪切斜裂缝，缝宽 0.45mm；1 层 C-5-6 轴梁的 6 号轴端有剪切斜裂缝，缝宽 0.3mm；1 层 6-B-C 轴梁的两端有剪切斜裂缝，缝宽 0.6mm。 （3）变形情况 1 层 6-B 轴柱和 6-C 轴柱净高 2.7m，柱顶侧向变形分别为 6mm 和 32mm，其余构件无明显变形
围护墙	该办公楼共有 46 面空心砖砌筑的围护墙，围护墙高 2.2m，1 层有 3 面墙连接处有 12mm 的通缝；2 层有 1 面墙的倾斜量为 24.0mm，2 层有 1 面墙的倾斜量为 6.0mm，其余围护墙外观无明显损伤

2. 鉴定依据

（1）《危险房屋鉴定标准》JGJ 125—2016；

（2）设计图纸和检验鉴定委托书等。

3. 鉴定项目

（1）地基危险性鉴定；

（2）构件危险性鉴定；

（3）房屋危险性鉴定。

4. 地基及基础构件危险性鉴定

（1）地基的评定

房屋受到相邻地下工程施工影响时，地基沉降速度为 0.5mm/天，小于 2mm/天，现基础已回填，变形停止。评定为非危险状态，需进行第二阶段评定。

（2）基础的危险构件评定

该办公楼的 6-A 轴、6-B 轴以及 6-C 轴 3 个柱基础有裂缝，由此，该办公楼基础部分的危险构件数量为 3 个，其中 1 个边柱，2 个角柱。

5. 上部承重结构和围护结构的危险构件评定

（1）一层危险构件评定

该办公楼 1 层 5-B 轴柱上荷载作用下轴力为 $S=1320$kN，柱的受压承载力 R 为 1056kN，该构件承载力为作用效应的 80.0%，考虑建造年代乘 1.1 后为 88%，小于 0.9，为危险构件。

1 层 B-5-6 轴梁上荷载引起的最大弯矩为 $S=243$kN·m，梁能承担的弯矩为 $R=196$kN·m，该构件承载力为作用效应的 80.7%；乘 1.1 后为 88.7%，小于 0.9，为危险构件。

1 层 6-C 轴柱净高 2.7m，柱顶侧向变形为 32mm 且大于其净高的 1/250，即 11.2mm，为危险构件。

1 层 A-5-6 轴梁的 6 端有剪切斜裂缝，缝宽 0.45mm，1 层 6-B-C 轴梁的两端有剪切斜裂缝，缝宽 0.6mm。1 层 1/B-5-6 轴次梁端部出现剪切斜裂缝。

以上构件均达到 JGJ 125—2016 第 5.4.3 条规定的危险点限值。由此，该办公楼上部 1 层承重结构的危险柱构件数量为 2 个，包括中柱 1 个，角柱 1 个；危险主梁构件数量为 3 个，包括中梁 1 个，边梁 2 个；危险次梁构件数量为 1 个。

1 层有 3 面围护墙连接处有 12mm 的通缝，其余围护墙外观无明显损伤。因此 3 面围护墙存在危险点。

（2）二层危险构件评定

2 层 B-5-6 轴梁的 6 端有剪切斜裂缝，缝宽 0.40mm，2 层 6-B-C 轴梁的两端有剪切斜裂缝，缝宽 0.3mm。2 层 1/B-5-6 轴次梁支座附近出现剪切斜裂缝。

以上构件均达到 JGJ 125—2016 第 5.4.3 条规定的危险点限值。由此，该办公楼上部 2 层承重结构的危险主梁构件数量为 2 个，包括中梁 1 个，边梁 1 个；危险次梁构件数量为 1 个。

2 层有 1 面墙的倾斜量为 6.0mm，其余围护墙外观无明显损伤。因此危险围护墙构件数量为 1 个。

6. 房屋危险性鉴定

依据《危险房屋鉴定标准》JGJ 125—2016 对该办公楼进行房屋危险性鉴定。

（1）基础及上部结构的危险性比例

该办公楼基础部分的危险构件数量为 3 个，独立柱基构件总数是 18 个，危险构件占构件总数的 16.7%，计算过程如下：

$$R_f = n_{df}/n_f = 3/18 = 16.7\%$$

上部结构各楼层的危险构件综合比例计算见表 2.2-9。

上部结构各楼层的危险构件综合比例计算　　　　表 2.2-9

构件名	中柱	边柱	角柱	墙	中梁	边梁	次梁	楼板	围护	合计
系数	3.5	2.7	1.8	2.7	1.9	1.4	1	1	1	
一层										
危险构件数	1	1	2	0	1	2	1	0	3	
构件总数	4	10	4	0	13	14	4	13	23	
危险构件系数	3.5	2.7	3.6	0	1.9	2.7	1	0	3	18.5
构件总数系数	14	27	7.2	0	24.7	19.6	4	13	23	132.5
二层										
危险构件数	1	1	2	0	1	1	1	0	1	
构件总数	4	10	4	0	13	14	4	14	23	
危险构件系数	3.5	2.7	3.6	0	1.9	1.4	1	0	1	15.1
构件总数系数	14	27	7.2	0	24.7	19.6	4	14	23	133.5

根据《危险房屋鉴定标准》6.3.2 条，上部结构（含地下室）各楼层的危险构件综合比例应按式（2.2-2）确定，当本层下任一楼层中竖向承重构件（含基础）评定为危险构件时，本层与该危险构件上下对应位置的竖向构件不论其是否评定为危险构件，均应计入危险构件数量。

为明确构件的不同系数，应在平面图上找到对应位置。经计算各楼层的危险构件综合比例如下：

$$R_{s1} = 13.9\%$$

$$R_{s2} = 11.3\%$$

（2）基础及上部结构危险性等级判定

根据《危险房屋鉴定标准》6.3.4 条，基础（含地下室）楼层判定准则为：当 $5\% \leqslant R_f < 25\%$ 或 $5\% \leqslant R_{si} < 25\%$ 时，楼层危险性等级评定为 C_u 级。可知：

$R_f = 16.7\%$，基础危险性等级评定为 C_u 级；

$R_{s1} = 13.9\%$，1 层危险性等级评定为 C_u 级；

$R_{s2} = 11.3\%$，2 层危险性等级评定为 C_u 级。

（3）房屋危险性鉴定结论

根据《危险房屋鉴定标准》6.3.5 条，整体结构（含基础、地下室）危险构件综合比例应按式（2.2-3）确定，故整体结构危险构件综合比例计算见表 2.2-10。

整体结构危险构件综合比例计算　　　　表 2.2-10

构件名	基础	中柱	边柱	角柱	中梁	边梁	次梁	楼板	围护	合计
系数	3.5	3.5	2.7	1.8	1.9	1.4	1	1	1	
危险构件	3	2	2	4	2	3	2	0	4	
构件总数	18	8	20	8	26	28	8	27	46	
危险构件系数	10.5	7	5.4	7.2	3.8	4.2	2	0	4	44.1
构件总数系数	63	28	54	14.4	49.4	39.2	8	27	46	329

根据《危险房屋鉴定标准》6.3.6 条：当 $5\% \leqslant R < 25\%$ 时，若基础及上部结构各楼层（含地下室）危险性等级中 D_u 级的层数不超过 $(F+B+f)/3$ 时，应评定为 C 级，否则为

D级。

由表 2.2-10 计算结果可知：$R=13.4\%$，且危险性等级中 D_u 级的层数为 0，整栋房屋的危险性评定为 C 级。

2.3 既有建筑可靠性鉴定

2.3.1 可靠性鉴定标准适用性和评定方法

对于既有建筑物的结构功能可以用可靠性来评定。可靠性是指结构在规定的时间内，在规定的条件下，完成预定功能的能力，其中规定的时间是建筑物的设计基准期，一般的工业与民用建筑为 50 年，重要的建筑物可以是 100 年，次要的建筑物为 25 年，临时性的建筑物为 5 年；而规定的条件是指正常勘察设计、正常施工、正常使用和维护。

可靠性包括安全性、适用性、耐久性三个方面，必要时包括抗灾害能力。

我国最早的可靠性鉴定标准是 1990 年的《工业厂房可靠性鉴定标准》GBJ 144，现行版是《工业建筑可靠性鉴定标准》GB 50144—2008，该标准目前正准备修编；以及《民用建筑可靠性鉴定标准》GB 50292—2015，此标准从 1999 年制定到现行 2016 年 8 月 1 日开始实施的第二版，两本可靠性鉴定标准应用了 20 年左右。其中 GB 50292—2015 总体修订沿用 1999 年版体系模式，变化不大，在附录中增加了关于耐久性和振动的评定；扩大了适用范围，如未报建的工程验收需要的检测鉴定、灾后鉴定、受周围地下工程影响的鉴定等。

1. 可靠性鉴定的目的和适用范围

可靠性鉴定的目的是为了正确鉴定工业和民用建筑的可靠性，加强对既有建筑的安全与合理使用的技术管理。

适用范围：适用于以混凝土结构、钢结构、砌体结构、木结构为承重结构的工业民用建筑及其附属构筑物的可靠性鉴定。民用建筑是指已建成可以验收的和已投入使用的非生产性的居住建筑和公共建筑。工业建筑是指已存在的、为工业生产服务，可以进行和实现各种生产工艺过程的建筑物和构筑物。工业与民用建筑分类和类型详见表 2.3-1。

工业民用建筑及其附属构筑物类型　　　　　　表 2.3-1

建筑分类	建（构）筑物类型
民用建筑	办公建筑、教育建筑、居住建筑、文化建筑、体育建筑、酒店建筑、医疗建筑、商业建筑、科研试验建筑等
工业建筑	化工建筑、机械建筑、冶金建筑、纺织建筑、电力厂房、电子厂房、汽车生产厂房等
构筑物	烟囱、水塔、筒仓、贮仓、通廊、水池、管道支架、冷却塔、锅炉刚架、除尘器等

2. 评定方法

既有建筑物的可靠性鉴定主要采用分层次、分等级评定模式。将建筑物划分为构件、结构系统、鉴定单元三个层次，其中构件和结构系统两个层次的鉴定评级，包括安全性等级和使用性等级评定，安全性分四个等级，使用性分三个等级。各层次的可靠性分四个等级。当不要求评定可靠性等级时，可直接给出评定结果；当仅要求鉴定某层次的安全性或使用性时，检查和评定工作可只进行到该层次相应程序规定的步骤。

既有建筑可靠性鉴定评级的层次、等级划分以及工作步骤和内容见表 2.3-2，从第一层次开始，逐层进行安全性和正常使用性评定，使用性鉴定包括适用性鉴定和耐久性鉴定，构件评定包含节点及其连接评定。

可靠性鉴定评级的层次、等级划分及工作内容　　　　表 2.3-2

层次		一	二		三
层名		构件	子单元		鉴定单元
安全性鉴定	等级	a_u、b_u、c_u、d_u	A_u、B_u、C_u、D_u		A_{su}、B_{su}、C_{su}、D_{su}
	地基基础	—	地基变形评级	地基基础评级	鉴定单元安全性评级
		按同类材料构件各检查项目评定单个基础等级	边坡场地稳定性评级		
			地基承载力评级		
	上部承重结构	按承载能力、构造、不适于承载的位移或损伤等检查项目评定单个构件等级	每种构件集评级	上部承重结构评级	
			结构侧向位移评级		
		—	按结构布置、支撑、圈梁、结构间连系等检查项目评定结构整体性等级		
	围护系统承重部分	按上部承重结构检查项目及步骤评定围护系统承重部分各层次安全性等级			
使用性鉴定	等级	a_s、b_s、c_s	A_s、B_s、C_s		A_{ss}、B_{ss}、C_{ss}
	地基基础	—	按上部承重结构和围护系统工作状态评估地基基础等级		鉴定单元正常使用性评级
	上部承重结构	按位移、裂缝、风化、锈蚀等检查项目评定单个构件等级	每种构件集评级	上部承重结构评级	
			结构侧向位移评级		
	围护系统功能	—	按屋面防水、吊顶、墙、门窗、地下防水及其他防护设施等检查项目评定围护系统功能等级	围护系统评级	
		按上部承重结构检查项目及步骤评定围护系统承重部分各层次使用性等级			
可靠性鉴定	等级	a、b、c、d	A、B、C、D		Ⅰ、Ⅱ、Ⅲ、Ⅳ
	地基基础	以同层次安全性和正常使用性评定结果并列表达，或按标准规定的原则确定其可靠性等级			鉴定单元可靠性评级
	上部承重结构				
	围护系统				

2.3.2　构件的安全性评定

1. 构件的安全性评定项目和原则

混凝土结构构件的安全性鉴定，应按承载能力、构造、不适于承载的位移（或变形）和裂缝（或其他损伤）四个检查项目；钢结构构件的安全性鉴定，应按承载能力、构造以及不适于承载的位移（或变形）三个检查项目；砌体结构构件的安全性鉴定，应按承载能力、构造、不适于承载的位移和裂缝（或其他损伤）四个检查项目；木结构构件的安全性鉴定，应按承载能力、构造、不适于承载的位移（或变形）、裂缝、危险性的腐朽和虫蛀六个检查项目。

最低等级原则：分别评定每一受检构件的等级，并取其中最低一级作为该构件安全性等级。

直接评定原则：当建筑物中的构件同时符合下列条件时，可不参与鉴定，根据其实际完好程度定为 a_u 级或 b_u 级。

（1）该构件未受结构性改变、修复、修理或用途、使用条件改变的影响；

（2）该构件未遭明显的损坏；

（3）该构件工作正常，且不怀疑其可靠性不足；

（4）在下一目标使用年限内，该构件所承受的作用和所处的环境，与过去相比不会发生显著变化。

2. 构件承载能力验算评级

民用建筑的混凝土、砌体、钢、木四种结构构件承载能力等级均按表 2.3-3 进行评定。

民用建筑四种结构构件承载能力等级的评定   表 2.3-3

构件类别	$R/(\gamma_0 S)$			
	a_u 级	b_u 级	c_u 级	d_u 级
主要构件及节点、连接	≥1.0	≥0.95	≥0.90	<0.90
一般构件	≥1.0	≥0.90	≥0.85	<0.85

工业建筑的混凝土结构和砌体结构承载能力等级按表 2.3-4 进行评定。当构件出现受压及斜压裂缝时，承载能力项目直接评为 c 级或 d 级；当构件的使用性等级评为 c 级时，尚应考虑其对安全性评级的影响，且承载能力项目评定等级不应高于 b 级。

工业建筑混凝土和砌体构件承载能力评定等级   表 2.3-4

构件种类	$R/\gamma_0 S$			
	a	b	c	d
重要构件	≥1.0	≥0.90	≥0.85	<0.85
次要构件	≥1.0	≥0.87	≥0.82	<0.82

工业建筑的钢结构承载能力等级按表 2.3-5 进行评定。

工业建筑钢构件承载能力评定等级   表 2.3-5

构件种类	$R/\gamma_0 S$			
	a	b	c	d
重要构件、连接	≥1.00	≥0.95	≥0.90	<0.90
次要构件	≥1.00	≥0.92	≥0.87	<0.87

3. 位移或变形等级评定

（1）民用建筑混凝土结构构件的安全性按不适于承载的位移或变形评定时，应遵守下列规定：

1）对桁架的挠度，当其实测值大于其计算跨度的 1/400 时，应验算其承载能力，验算时考虑由位移产生的附加应力的影响，并按下列规定评级：①若验算结果不低于 b_u 级，仍可定为 b_u 级；②若验算结果低于 b_u 级，应根据其实际严重程度定为 c_u 级或 d_u 级。

2）对其他受弯构件的挠度或施工偏差超限造成的侧向弯曲，根据其实际严重程度，按表 2.3-6 确定 c_u 级或 d_u 级。

民用建筑混凝土受弯构件不适于承载的变形的评定　　　　　　　表 2.3-6

检查项目	构件类别		c_u 级或 d_u 级
挠度	主要受弯构件——主梁、托梁等		$> l_0/200$
	一般受弯构件	$l_0 \leqslant 7\mathrm{m}$	$> l_0/120$，或 $> 47\mathrm{mm}$
		$7\mathrm{m} < l_0 \leqslant 9\mathrm{m}$	$> l_0/150$，或 $> 50\mathrm{mm}$
		$l_0 > 9\mathrm{m}$	$> l_0/180$
侧向弯曲的矢高	预制屋面梁或深梁		$> l_0/400$

（2）民用建筑钢结构构件的安全性按不适于承载的位移或变形评定时，应遵守下列规定：

1）对桁架（屋架、托架）的挠度，当其实测值大于桁架计算跨度的 1/400 时，应验算其承载能力。验算时考虑由于位移产生的附加应力的影响，并按下列原则评级：①若验算结果不低于 b_u 级，仍定为 b_u 级，但宜附加观察使用一段时间的限制；②若验算结果低于 b_u 级，应根据其实际严重程度定为 c_u 级或 d_u 级。

2）对桁架顶点的侧向位移，当其实测值大于桁架高度的 1/200，且有可能发展时，应定为 c_u 级或 d_u 级。

3）对其他受弯构件的挠度，或偏差造成的侧向弯曲，应按表 2.3-7 的规定评级。

民用建筑钢结构受弯构件不适于承载的变形的评定　　　　　　表 2.3-7

检查项目	构件类别			c_u 级或 d_u 级
挠度	主要构件	网架	屋盖（短向）	$> l_s/250$，且可能发展
			楼盖（短向）	$> l_s/200$，且可能发展
		主梁、托梁		$> l_0/200$
	一般构件	其他梁		$> l_0/150$
		檩条梁		$> l_0/100$
侧向弯曲的矢高	深梁			$> l_0/400$
	一般实腹梁			$> l_0/350$

4）对柱顶的水平位移（或倾斜），当其实测值大于后文中表 2.3-14 所列限值时，应按下列规定评级：①若该位移与整个结构有关，应根据表 2.3-14 的评定结果，取与上部承重结构相同的级别作为该柱的水平位移等级；②若该位移只是孤立事件，则应在其承载能力验算中考虑此附加位移的影响，并根据验算结果评级；③若该位移尚在发展，应直接定为 d_u 级。

5）对偏差超限或其他使用原因引起的柱（包括桁架受压弦杆）的弯曲，当弯曲矢高实测值大于柱的自由长度的 1/660 时，应在承载能力的验算中考虑其所引起的附加弯矩的影响进行评级。

6）民用建筑木结构构件的安全性按不适于承载的变形评定时，应按表 2.3-8 的规定评级。

民用建筑木结构构件不适于承载的变形的评定 表 2.3-8

检查项目		c_u 级或 d_u 级
挠度	桁架（屋架、托架）	$>l_0/200$
	主梁	$>l_0^2/(3000h)$ 或 $>l_0/150$
	搁栅、檩条	$>l_0^2/(2400h)$ 或 $>l_0/120$
	椽条	$>l_0/100$，或已劈裂
侧向弯曲的矢高	柱或其他受压构件	$>l_c/200$
	矩形截面梁	$>l_0/150$

注：1. 表中 l_0 为计算跨度；l_c 为柱的无支长度；h 为截面高度。
　　2. 表中的侧向弯曲，主要由木材生长原因或干燥、施工不当所引起。
　　3. 评定结果取 c_u 级或 d_u 级，应根据其实际严重程度确定。

4. 裂缝评级

结构和构件裂缝的出现和发展是结构破坏的先兆，裂缝的存在可能预示着构件承载力不足，影响结构安全性；贯通的裂缝会造成渗漏，影响建筑物的适用性；混凝土结构的裂缝会促使钢筋锈蚀，降低耐久性。

一般情况下很难接受建筑结构出现裂缝，但是也有建筑物带裂缝工作多年，规范也允许结构带裂缝工作，施工期间出现裂缝，被称为质量通病，裂缝很难完全避免，就经济及技术的观点，有些裂缝是可以接受的，有些裂缝是必须要采取措施处理的，因此需要分析裂缝原因和评价其危害性。

虽然裂缝的表现形式有多种，按其开裂原因分类，可归纳为两大类：一是荷载引起的受力裂缝，二是约束变形引起的非受力裂缝。

根据大量工程裂缝问题统计，混凝土结构荷载引起的裂缝约占 20%，变形引起的裂缝约占 80%。砌体结构裂缝原因，属于变形变化引起的约占 90%，荷载引起的约占 10%，90% 中也包括变形变化与荷载共同作用，但以变形变化为主，10% 中也包括两者共同作用，但以荷载变化为主。

对于混凝土结构和砌体结构的裂缝问题，民用建筑可靠性鉴定标准评级规定如下：

（1）民用建筑混凝土结构构件出现表 2.3-9 所列的受力裂缝时，应视为不适于承载的裂缝，并应根据其实际严重程度定为 c_u 级或 d_u 级。

民用建筑混凝土构件不适于承载的裂缝宽度的评定 表 2.3-9

检查项目	环境	构件类别		c_u 级或 d_u 级
受力主筋处的弯曲（含一般弯剪）裂缝和受拉裂缝宽度（mm）	室内正常环境	钢筋混凝土	主要构件	>0.50
			一般构件	>0.70
		预应力混凝土	主要构件	>0.20（0.30）
			一般构件	>0.30（0.50）
	高湿度环境	钢筋混凝土	任何构件	>0.40
		预应力混凝土		>0.10（0.20）
剪切裂缝和受压裂缝（mm）	任何环境	钢筋混凝土或预应力混凝土		出现裂缝

当混凝土结构构件出现下列情况之一的非受力裂缝时，也应视为不适于承载的裂缝，并应根据其实际严重程度定为 c_u 级或 d_u 级：①因主筋锈蚀（或腐蚀），导致混凝土产生沿主筋方向开裂、保护层脱落或掉角；②因温度、收缩等作用产生的裂缝，其宽度已比表 2.3-9 规定的弯曲裂缝宽度值超过 50%，且分析表明已显著影响结构的受力。

当混凝土结构构件同时存在受力和非受力裂缝时，应分别评定其等级，并取其中较低一级作为该构件的裂缝等级。

（2）民用建筑砌体结构的承重构件出现下列受力裂缝时，应视为不适于承载的裂缝，并应根据其严重程度评为 c_u 级或 d_u 级：①桁架、主梁支座下的墙、柱的端部或中部，出现沿块材断裂（贯通）的竖向裂缝或斜裂缝；②空旷房屋承重外墙的变截面处，出现水平裂缝或沿块材断裂的斜向裂缝；③砖砌过梁的跨中或支座出现裂缝；或虽未出现肉眼可见的裂缝，但发现其跨度范围内有集中荷载；④筒拱、双曲筒拱、扁壳等的拱面、壳面，出现沿拱顶母线或对角线的裂缝；⑤拱、壳支座附近或支承的墙体上出现沿块材断裂的斜裂缝；⑥其他明显的受压、受弯或受剪裂缝。

当砌体结构、构件出现下列由温度、收缩、变形或地基不均匀沉降等引起的非受力裂缝时，也应视为不适于承载的裂缝，并根据其实际严重程度评为 c_u 级或 d_u 级。①纵横墙连接处出现通长的竖向裂缝；②承重墙体墙身裂缝严重，且最大裂缝宽度已大于 5mm；③独立柱已出现宽度大于 1.5mm 的裂缝，或有断裂、错位迹象；④其他显著影响结构整体性的裂缝。

5. 截面损失评定

民用建筑混凝土结构构件有较大范围损伤时，应根据其实际严重程度直接定为 c_u 级或 d_u 级；砌体结构、构件存在可能影响结构安全的损伤时，应根据其严重程度直接定为 c_u 级或 d_u 级。

民用建筑钢结构构件的安全性按不适于承载的锈蚀评定时，除应按剩余的完好截面验算其承载能力外，尚应按表 2.3-10 的规定评级。

钢结构构件不适于承载的锈蚀的评定
表 2.3-10

等级	评定标准
c_u	在结构的主要受力部位，构件截面平均锈蚀深度 Δt 大于 $0.1t$，但不大于 $0.15t$
d_u	在结构的主要受力部位，构件截面平均锈蚀深度 Δt 大于 $0.15t$

注：1. 表中 t 为锈蚀部位构件原截面的壁厚，或钢板的板厚。
　　2. 按剩余完好截面验算构件承载能力时，应考虑锈蚀产生的受力偏心效应。

6. 连接和构造

连接和构造是构件安全性评定的主要项目，详见可靠性鉴定标准。

2.3.3　构件使用性鉴定评级

工业建筑构件使用性评定内容较少，下面是民用建筑构件使用性评级规定：

1. 混凝土结构构件的使用性鉴定

应按位移（变形）、裂缝、缺陷和损伤四个检查项目，分别评定每一受检构件的等级，并取其中最低一级作为该构件使用性等级。

混凝土桁架和其他受弯构件的使用性按其挠度检测结果评定；混凝土柱的使用性需要

按其柱顶水平位移（或倾斜）检测结果评定，混凝土构件的缺陷指外观质量，损伤包括钢筋锈蚀损伤和混凝土腐蚀损伤。

2. 砌体结构构件的使用性鉴定

应按位移、非受力裂缝、腐蚀（风化或粉化）三个检查项目，分别评定每一受检构件等级，并取其中最低一级作为该构件的安全性等级。

砌体墙、柱的使用性按其顶点水平位移（或倾斜）的检测结果评定，非受力裂缝按裂缝宽度检测结果评定，腐蚀包括风化和粉化。

3. 钢结构构件的使用性鉴定

应按位移或变形、缺陷（含偏差）和锈蚀（腐蚀）三个检查项目，分别评定每一受检构件等级，并以其中最低一级作为该构件的使用性等级。

对钢结构受拉构件，尚应以长细比作为检查项目参与评级，钢桁架和其他受弯构件的使用性按其挠度检测结果评定，钢柱的使用性按其柱顶水平位移（或倾斜）检测结果评定，缺陷和偏差包括：桁架（屋架）不垂直度、受压构件平面内的弯曲矢高、实腹梁侧向弯曲矢高、其他缺陷或损伤。钢结构构件使用性按防火涂层的检测结果评定。

4. 木结构构件的使用性鉴定

应按位移、干缩裂缝和初期腐朽三个检查项目的检测结果，分别评定每一受检构件等级，并取其中最低一级作为该构件的安全性等级。

木结构受弯构件桁架（含屋架、托架）、檩条、椽条、楼盖梁、搁栅的使用性按其挠度的检测结果评定，木结构构件的使用性按干缩裂缝深度的检测结果评定时，若无特殊要求，原有的干缩裂缝可不参与评级，但应在鉴定报告中提出嵌缝处理的建议。在湿度正常、通风良好的室内环境中，对无腐朽迹象的木结构构件，可根据其外观质量状况评为 a_s 级或 b_s 级；对有腐朽迹象的木结构构件，应评为 c_s 级；但若能判定其腐朽已停止发展，仍可评为 b_s 级。

2.3.4 子单元安全性鉴定评级

安全性的第二层次鉴定评级，是按地基基础、上部承重结构和围护系统的承重部分划分为三个子单元分别评定。

1. 地基基础评定

（1）民用建筑地基基础子单元的安全性鉴定评级，应根据地基变形或地基承载力的评定结果进行确定。对建在斜坡场地的建筑物，还应按边坡场地稳定性的评定结果进行确定。

地基基础承载力采用现行国家标准《建筑地基基础设计规范》GB 50007 进行验算，当地基基础承载力符合《建筑地基基础设计规范》的要求时，可根据建筑物的完好程度评为 A_u 级或 B_u 级；当地基基础承载力不符合《建筑地基基础设计规范》的要求时，可根据建筑物开裂损伤的严重程度评为 C_u 级或 D_u 级。

地基变形是指建筑物沉降，根据沉降观测资料或其上部结构反应的检查结果评定，当地基基础的安全性按地基变形（建筑物沉降）观测资料或其上部结构反应的检查结果评定时，应按下列规定评级：

A_u 级——不均匀沉降小于现行国家标准《建筑地基基础设计规范》GB 50007 规定的允许沉降差；建筑物无沉降裂缝、变形或位移。

B_u 级——不均匀沉降不大于现行国家标准《建筑地基基础设计规范》GB 50007 规定

的允许沉降差；且连续两个月地基沉降量小于每月 2mm；建筑物的上部结构虽有轻微裂缝，但无发展迹象。

C_u 级——不均匀沉降大于现行国家标准《建筑地基基础设计规范》GB 50007 规定的允许沉降差；或连续两个月地基沉降量大于每个月 2mm；或建筑物上部结构砌体部分出现宽度大于 5mm 的沉降裂缝，预制构件连接部位可能出现宽度大于 1mm 的沉降裂缝，且沉降裂缝短期内无终止趋势。

D_u 级——不均匀沉降远大于现行国家标准《建筑地基基础设计规范》GB 50007 规定的允许沉降差；连续两个月地基沉降量大于每月 2mm，且尚有变快趋势；或建筑物上部结构的沉降裂缝发展显著；砌体的裂缝宽度大于 10mm；预制构件连接部位的裂缝宽度大于 3mm；现浇结构个别部分也已开始出现沉降裂缝。

（2）工业建筑当地基基础的安全性按地基变形观测资料和工业建筑现状的检测结果评定时，应按表 2.3-11 规定评定等级。

按地基变形观测资料和工业建筑现状的检测结果评定时地基基础的安全性评级

表 2.3-11

评级	描述
A 级	地基变形小于现行国家标准《建筑地基基础设计规范》GB 50007 规定的允许值，沉降速率小于 0.01mm/天，工业建筑使用状况良好，无沉降裂缝、变形或位移，吊车等机械设备运行正常
B 级	地基变形不大于现行国家标准《建筑地基基础设计规范》GB 50007 规定的允许值，沉降速率小于 0.05mm/天，半年内的沉降量小于 5mm，工业建筑有轻微沉降裂缝出现，但无进一步发展趋势，沉降对吊车等机械设备的正常运行基本没有影响
C 级	地基变形大于现行国家标准《建筑地基基础设计规范》GB 50007 规定的允许值，沉降速率大于 0.05mm/天，工业建筑的沉降裂缝有进一步发展趋势，沉降已影响到吊车等机械设备的正常运行，但尚有调整余地
D 级	地基变形大于现行国家标准《建筑地基基础设计规范》GB 50007 规定的允许值，沉降速率大于 0.05mm/天，工业建筑的沉降裂缝发展显著，沉降已导致吊车等机械设备不能正常运行

（3）沉降变形允许值

工业和民用建筑地基基础安全性都根据地基变形进行评定，按照《建筑地基基础设计规范》GB 50007—2011 第 5.3.4 条，建筑物沉降变形允许值见表 2.3-12。

建筑物的地基变形允许值　　　　　表 2.3-12

变形特征		地基土类别	
		中、低压缩性土	高压缩性土
砌体承重结构基础的局部倾斜		0.002	0.003
工业与民用建筑相邻柱基的沉降差	框架结构	0.002L	0.003L
	砌体墙填充的边排柱	0.0007L	0.001L
	当基础不均匀沉降时不产生附加应力的结构	0.005L	0.005L
单层排架结构（柱距 6m）柱基的沉降量		(120mm)	200mm
桥式吊车轨面的倾斜（按不调整轨道考虑）	纵向	0.004	
	横向	0.003	

变形特征		地基土类别	
		中、低压缩性土	高压缩性土
多层和高层建筑物的整体倾斜	$H_g \leqslant 24$ $24 < H_g \leqslant 60$ $60 < H_g \leqslant 100$ $H_g > 100$	0.004 0.003 0.0025 0.002	
高耸结构基础的倾斜	$H_g \leqslant 20$ $20 < H_g \leqslant 50$ $50 < H_g \leqslant 100$ $100 < H_g \leqslant 150$ $150 < H_g \leqslant 200$ $200 < H_g \leqslant 250$	0.008 0.006 0.005 0.004 0.003 0.002	
体形简单的高层建筑基础的平均沉降量		200mm	
高耸结构基础的沉降量	$H_g \leqslant 100$ $100 < H_g \leqslant 200$ $200 < H_g \leqslant 250$	400mm 300mm 200mm	

注：1. 表中数值为建筑物地基实际最终变形允许值。
   2. 有括号者仅适用于中压缩性土。
   3. L 为相邻柱基的中心距离（mm）；H_g 为自室外地面起算的建筑物高度（m）。
   4. 倾斜指基础倾斜方向两端点的沉降差与其距离的比值。
   5. 局部倾斜指砌体承重结构沿纵向 6～10m 内基础两点沉降差与其距离的比值。

2. 上部承重结构评定

上部承重结构子单元的安全性鉴定评级，应根据其结构承载功能等级、结构整体性等级以及结构侧向位移等级的评定结果进行确定。

（1）上部结构承载功能的安全性评级，当有条件采用较精确的方法评定时，应在详细调查的基础上，根据结构体系的类型及其空间作用程度，按国家现行标准规定的结构分析方法和结构实际的构造确定合理的计算模型，通过对结构作用效应分析和抗力分析，并结合工程鉴定经验进行评定。

多、高层房屋的标准层中随机抽取 $\sqrt{m}$ 层为代表层（m 为该鉴定单元房屋的层数）；若 $\sqrt{m}$ 为非整数，应多取一层；除随机抽取的标准层外，尚应另增底层和顶层，以及高层建筑的转换层和避难层为代表层。代表层构件包括该层楼板及其下的梁、柱、墙等。将代表层中的承重构件划分为若干主要构件集和一般构件集，并按标准规定评定每种构件集的安全性等级。根据代表层中每种构件集的评级结果，按标准规定确定代表层的安全性等级。

确定上部承重结构承载功能的安全性等级的评定方法是：

A_u 级——不含 C_u 级和 D_u 级代表层（或区）；可含 B_u 级，但含量不多于 30%。

B_u 级——不含 D_u 级代表层（或区）；可含 C_u 级，但含量不多于 15%。

C_u 级——可含 C_u 级和 D_u 级代表层（或区）；若仅含 C_u 级，其含量不多于 50%；若仅含 D_u 级，其含量不多于 10%；若同时含有 C_u 级和 D_u 级，其 C_u 级含量不应多于 25%，D_u 级含量不多于 5%。

D$_u$ 级——其 C$_u$ 级或 D$_u$ 级代表层（或区）的含量多于 C$_u$ 级的规定数。

（2）当评定结构整体性等级时，可按表 2.3-13 的规定，先评定其每一检查项目的等级，然后按下列原则确定该结构整体性等级：①若四个检查项目均不低于 B$_u$ 级，可按占多数的等级确定；②若仅一个检查项目低于 B$_u$ 级，可根据实际情况定为 B$_u$ 级或 C$_u$ 级。每个项目评定结果取 A$_u$ 级或 B$_u$ 级，应根据其实际完好程度确定；取 C$_u$ 级或 D$_u$ 级，应根据其实际严重程度确定。

结构整体牢固性等级的评定　　　　　　　　　　　　表 2.3-13

检查项目	A$_u$ 级或 B$_u$ 级	C$_u$ 级或 D$_u$ 级
结构布置及构造	布置合理，形成完整的体系，且结构选型及传力路线设计正确，符合现行设计规范要求	布置不合理，存在薄弱环节，未形成完整的体系；或结构选型、传力路线设计不当，不符合现行设计规范要求，或结构产生明显振动
支撑系统或其他抗侧力系统的构造	构件长细比及连接构造符合现行设计规范要求，形成完整的支撑系统，无明显残损或施工缺陷，能传递各种侧向作用	构件长细比或连接构造不符合现行设计规范要求，未形成完整的支撑系统，或构件连接已失效或有严重缺陷，不能传递各种侧向作用
结构、构件间的联系	设计合理、无疏漏，锚固、拉结、连接方式正确、可靠，无松动变形或其他残损	设计不合理，多处疏漏；或锚固、拉结、连接不当，或已松动变形，或已残损
砌体结构中圈梁及构造柱的布置与构造	布置正确，截面尺寸、配筋及材料强度等符合现行设计规范要求，无裂缝或其他残损，能起封闭系统作用	布置不当，截面尺寸、配筋及材料强度不符合现行设计规范要求，已开裂，或有其他残损，或不能起封闭系统作用

（3）对上部承重结构不适于承载的侧向位移，应根据其检测结果，按下列规定评级：①当检测值已超出表 2.3-14 界限，且有部分构件（含连接、节点域，下同）出现裂缝、变形或其他局部损坏迹象时，应根据实际严重程度定为 C$_u$ 级或 D$_u$ 级；②当检测值虽已超出表 2.3-14 界限，但尚未发现上款所述情况时，应进一步进行计入该位移影响的结构内力计算分析，并验算各构件的承载能力，若验算结果均不低于 b$_u$ 级，仍可将该结构定为 B$_u$ 级，但宜附加观察使用一段时间的限制。若构件承载能力的验算结果有低于 b$_u$ 级时，应定为 C$_u$ 级。③对某些构造复杂的砌体结构，若进行计算分析有困难，也可直接按表 2.3-14 规定的界限值评级。

各类结构不适于承载的侧向位移等级的评定　　　　　　表 2.3-14

检查项目	结构类别		顶点位移	层间位移
			C$_u$ 级或 D$_u$ 级	C$_u$ 级或 D$_u$ 级
结构平面内的侧向位移	混凝土结构或钢结构	单层建筑	$>H/150$	—
		多层建筑	$>H/200$	$>H_i/150$
		高层建筑　框架	$>H/250$ 或 >300mm	$>H_i/150$
		高层建筑　框架剪力墙框架筒体	$>H/300$ 或 >400mm	$>H_i/250$

续表

检查项目	结构类别				顶点位移	层间位移
					C_u 级或 D_u 级	C_u 级或 D_u 级
结构平面内的侧向位移	砌体结构	单层建筑	墙	$H\leqslant 7m$	$>H/250$	—
				$H>7m$	$>H/300$	—
			柱	$H\leqslant 7m$	$>H/300$	—
				$H>7m$	$>H/350$	—
		多层建筑	墙	$H\leqslant 10m$	$>H/350$	$>H_i/300$
				$H>10m$	$>H/400$	
			柱	$H\leqslant 10m$	$>H/400$	$>H_i/350$
				$H>10m$	$>H/450$	
	单层排架平面外侧倾				$>H/450$	

注：1. 表中 H 为结构顶点高度；H_i 为第 i 层层间高度。
　　2. 墙包括带壁柱墙。
　　3. 对筒体结构及剪力墙结构的侧向位移评定标准，可以当地实践经验为依据制订，但应经当地主管部门批准后执行。
　　4. 对木结构房屋的侧向位移（或倾斜）和平面外侧移，可根据当地经验进行评定。

3. 围护系统承重部分的安全性

围护系统承重部分的安全性，应在该系统专设的和参与该系统工作的各种承重构件的安全性评级的基础上，根据该部分结构承载功能等级和结构整体性等级的评定结果进行确定。

2.3.5　子单元使用性鉴定评级

民用建筑使用性的第二层次鉴定评级，应按地基基础、上部承重结构和围护系统划分为三个子单元，并分别进行评定。

地基基础的使用性，可根据其上部承重结构或围护系统的工作状态进行评定。

上部承重结构子单元的使用性鉴定评级，应根据其所含各种构件集的使用性等级和结构的侧向位移等级按表 2.3-15 进行评定。

结构侧向（水平）位移等级的评定　　　　　　　　　　表 2.3-15

检查项目	结构类别		位移限值		
			A_s 级	B_s 级	C_s 级
钢筋混凝土结构或钢结构的侧向位移	多层框架	层间	$\leqslant H_i/500$	$\leqslant H_i/400$	$>H_i/400$
		结构顶点	$\leqslant H/600$	$\leqslant H/500$	$>H/500$
	高层框架	层间	$\leqslant H_i/600$	$\leqslant H_i/500$	$>H_i/500$
		结构顶点	$\leqslant H/700$	$\leqslant H/600$	$>H/600$
	框架-剪力墙框架-筒体	层间	$\leqslant H_i/800$	$\leqslant H_i/700$	$>H_i/700$
		结构顶点	$\leqslant H/900$	$\leqslant H/800$	$>H/800$
	筒中筒剪力墙	层间	$\leqslant H_i/950$	$\leqslant H_i/850$	$>H_i/850$
		结构顶点	$\leqslant H/1100$	$\leqslant H/900$	$>H/900$

续表

检查项目	结构类别		位移限值		
			A$_s$ 级	B$_s$ 级	C$_s$ 级
砌体结构侧向位移	多层房屋（墙承重）	层间	≤H_i/550	≤H_i/450	>H_i/450
		结构顶点	≤H/650	≤H/550	>H/550
	多层房屋（柱承重）	层间	≤H_i/600	≤H_i/500	>H_i/500
		结构顶点	≤H/700	≤H/600	>H/600

注：1. 表中限值系对一般装修标准而言，若为高级装修应事先协商确定。
　　2. 表中 H 为结构顶点高度；H_i 为第 i 层的层间高度。
　　3. 木结构建筑的侧向位移对建筑功能的影响问题，可根据当地使用经验进行评定。

当建筑物的使用要求对振动有限制时，如果建筑物所受的振动作用会对人的生理，或对仪器设备的正常工作，或对结构的正常使用产生不利影响时，可进行振动对上部结构影响的使用性鉴定，评估振动（或颤动）的影响。当遇到下列情况之一时，可直接将该上部结构使用性等级定为 C$_s$ 级：①在楼层中，其楼面振动（或颤动）已使室内精密仪器不能正常工作，或已明显引起人体不适感；②在高层建筑的顶部几层，其风振效应已使用户感到不安；③振动引起的非结构构件或装饰层的开裂或其他损坏，已可通过目测判定。

围护系统（子单元）的使用性鉴定评级，应根据该系统的使用功能及其承重部分的使用性等级进行评定。围护系统包括屋面防水、吊顶（天棚）、非承重内墙（含隔墙）、外墙（自承重墙或填充墙）、门窗、地下防水、其他防护设施等。

当评定围护系统使用功能时，应按表 2.3-16 规定的检查项目及其评定标准逐项评级，并按下列原则确定围护系统的使用功能等级：①一般情况下，可取其中最低等级作为围护系统的使用功能等级；②当鉴定的房屋对表中各检查项目的要求有主次之分时，也可取主要项目中的最低等级作为围护系统使用功能等级；③当主要项目所评的等级为 A$_s$ 级或 B$_s$ 级，但有多于一个次要项目为 C$_s$ 级时，应将所评等级降为 C$_s$ 级。

围护系统使用功能等级的评定　　表 2.3-16

检查项目	A$_s$ 级	B$_s$ 级	C$_s$ 级
屋面防水	防水构造及排水设施完好，无老化、渗漏及排水不畅的迹象	构造、设施基本完好，或略有老化迹象，但尚不渗漏及积水	构造、设施不当或已损坏，或有渗漏，或积水
吊顶（天棚）	构造合理，外观完好，建筑功能符合设计要求	构造稍有缺陷，或有轻微变形或裂纹，或建筑功能略低于设计要求	构造不当或已损坏，或建筑功能不符合设计要求，或出现有碍外观的下垂
非承重内墙（含隔墙）	构造合理，与主体结构有可靠联系，无可见变形，面层完好，建筑功能符合设计要求	略低于 A$_s$ 级要求，但尚不显著影响其使用功能	已开裂、变形，或已破损，或使用功能不符合设计要求
外墙（自承重墙或填充墙）	墙体及其面层外观完好，无开裂、变形；墙脚无潮湿迹象；墙厚符合节能要求	略低于 A$_s$ 级要求，但尚不显著影响其使用功能	不符合 A$_s$ 级要求，且已显著影响其使用功能
门窗	外观完好，密封性符合设计要求，无剪切变形迹象，开闭或推动自如	略低于 A$_s$ 级要求，但尚不显著影响其使用功能	门窗构件或其连接已损坏，或密封性差，或有剪切变形，已显著影响其使用功能

检查项目	A$_s$ 级	B$_s$ 级	C$_s$ 级
地下防水	完好，且防水功能符合设计要求	基本完好，局部可能有潮湿迹象，但尚不渗漏	有不同程度损坏或有渗漏
其他防护设施	完好，且防护功能符合设计要求	有轻微缺陷，但尚不显著影响其防护功能	有损坏，或防护功能不符合设计要求

2.3.6 鉴定单元评级

首先对鉴定单元安全性和使用性分别鉴定评级，然后进行可靠性评级。

1. 民用建筑鉴定单元的安全性鉴定评级

应根据其地基基础、上部承重结构和围护系统承重部分等的安全性等级，以及与整幢建筑有关的其他安全问题进行评定。鉴定单元的安全性等级，应根据的评定结果，按下列原则规定：

（1）一般情况下，应根据地基基础和上部承重结构的评定结果按其中较低等级确定。

（2）当鉴定单元的安全性等级按上款评为 A$_u$ 级或 B$_u$ 级但围护系统承重部分的等级为 C$_u$ 级或 D$_u$ 级时，可根据实际情况将鉴定单元所评等级降低一级或二级，但最后所定的等级不得低于 C$_{su}$ 级。

（3）对下列任一情况，可直接评为 D$_{su}$ 级：①建筑物处于有危房的建筑群中，且直接受到其威胁；②建筑物朝一方向倾斜，且速度开始变快。

（4）当新测定的建筑物动力特性，与原先记录或理论分析的计算值相比，有下列变化时，可判其承重结构可能有异常，但应经进一步检查、鉴定后再评定该建筑物的安全性等级：①建筑物基本周期显著变长或基本频率显著下降；②建筑物振型有明显改变或振幅分布无规律。

2. 民用建筑鉴定单元的使用性鉴定评级

应根据地基基础、上部承重结构和围护系统的使用性等级，以及与整幢建筑有关的其他使用功能问题进行评定。

鉴定单元的使用性等级，应根据评定结果，按三个子单元中最低的等级确定。当鉴定单元的使用性等级为 A$_{ss}$ 级或 B$_{ss}$ 级，但若遇到下列情况之一时，宜将所评等级降为 C$_{ss}$ 级：①房屋内外装修已大部分老化或残损；②房屋管道、设备已需全部更新。

3. 民用建筑的可靠性鉴定

应按划分的层次，以其安全性和使用性的鉴定结果为依据逐层进行，可根据其安全性和正常使用性的评定结果，按下列原则确定民用建筑的可靠性等级：

（1）当该层次安全性等级低于 b$_u$ 级、B$_u$ 级或 B$_{su}$ 级时，应按安全性等级确定。

（2）除上条情形外，可按安全性等级和正常使用性等级中较低的一个等级确定。

（3）当考虑鉴定对象的重要性或特殊性时，允许对（2）的评定结果作不大于一级的调整。

2.4 既有建筑抗震能力鉴定

2.4.1 抗震鉴定标准适用性和设防目标

我国强震和地震带主要分布于五个地区：台湾、西南、西北、华北、东南沿海，历史上发生过多次大地震，地震对建筑物造成的破坏，轻则开裂倾斜，重则局部损坏甚至全部倒塌，房屋损坏或倒塌是造成人员伤亡的主要原因。历次地震的震后调查也都证明，经过震前加固的建筑震损明显减轻，因此加强抗震研究和抗震鉴定加固是减轻地震灾害的有效手段。1976 年唐山地震几乎将全市夷为平地，伤亡约 24 万人，就与当地建筑抗震性能薄弱有关，2008 年汶川地震，伤亡人数约为 8 万。而 1985 年智利也有一个百万人口的城市遭受同样大小的 7.8 级地震，由于当地建筑物抗震能力强，死亡仅 150 人。1923 年日本大地震，死亡 14.3 万人，他们痛定思痛，认真研究，建立抗震制度和理论，并不断在实践中改进，到 1981 年日本新潟 7.0 级地震，震中就在城市下面，直接死亡仅 14 人。

2016 年 6 月起新的地震区划图实施，全国都属于 6 度以上抗震设防烈度区。我国采用国际通用的震级标准——里氏震级，共分 9 个等级，震级反映地震能量的大小，一次地震只有一个等级，每相差 1 级，地震释放的能量相差 32 倍左右。地震烈度是距震中不同距离的地面及建筑物、构筑物遭受地震破坏的程度，是一种对地震后灾害进行评定的宏观尺度，它包含了场地、地基基础、结构反应等各种因素影响的总结，同一个地震，烈度却因地而异，我国将地震烈度分为 12 度，6 度时房屋开始产生轻微破坏；7、8 度房屋破坏，地面开裂；9、10 度桥梁、水坝损坏，房屋倒塌，地面破坏严重；11、12 度毁灭性破坏。

1976 年唐山大地震后，各地全面开展了既有建筑抗震鉴定加固工作，建立了抗震鉴定与加固的管理体制，采用普查、分类、排队、立项，然后按抗震鉴定、设计审批、组织施工、竣工验收的程序进行抗震加固工作。回顾抗震鉴定与加固历程，相关标准有《工业与民用建筑抗震鉴定标准》TJ 23—1977、《工业建筑抗震加固参考图集》GC—01 和《民用建筑抗震加固参考图集》GC—02，20 世纪 90 年代，抗震鉴定、加固与建筑功能改造紧密结合，强调建筑抗震能力的综合分析，标准修编为《建筑抗震鉴定标准》GB 50023—1995 和《建筑抗震加固技术规程》JGJ 116—1998，2008 年汶川地震后，标准进一步修编为《建筑抗震鉴定标准》GB 50023—2009 和《建筑抗震加固技术规程》JGJ 116—2009。

《建筑抗震鉴定标准》是我国第一部既有建筑抗灾害能力的评定标准，几十年来一直广泛应用，从唐山大地震后全国范围广泛进行的房屋抗震鉴定和加固，到汶川地震后全国中小学幼儿园的抗震鉴定加固，有效提高了既有建筑物抗灾害能力的鉴定水平。

抗震鉴定的目的：为贯彻执行《中华人民共和国建筑法》和《中华人民共和国防震减灾法》，实行以预防为主的方针，减轻地震破坏，减少损失，对现有建筑的抗震能力进行评定，并为抗震加固或采取其他抗震减灾对策提供依据。

《建筑抗震鉴定标准》的适用范围：抗震鉴定适用于未采取抗震设防或设防烈度低于国家标准规定的建筑进行抗震性能评价。适用于抗震设防烈度为 6～9 度地区的现有建筑的抗震鉴定，不适用于新建建筑工程的抗震设计和施工质量的评定，也不适用于危房评定。

抗震鉴定报告的时效性，即建筑物的后续使用年限，是对既有建筑经抗震鉴定后继续使用所约定的一个时期，在这个时期内，建筑不需重新鉴定和相应加固就能按预期目的使用，完成预定的功能。

抗震设计和鉴定的设防目标：现行建筑抗震设计规范针对新建的建筑物，其抗震三个水准目标是"小震不坏、中震可修、大震不倒"（表 2.4-1）。两阶段设计：①第一阶段，针对绝大多数建筑，进行承载力计算，即多遇地震作用（小震）结构弹性地震作用标准值和相应的地震作用效应，建筑物具有必要的承载力，在第三水准下大震不倒，由概念设计和抗震构造措施保证。②第二阶段，针对不规则特殊结构，进行弹塑性变形验算，即特殊情况下，除第一阶段验算外，罕遇地震作用（大震）对薄弱部位进行弹塑性验算。一个地区的设防目标是基本设防烈度，也就是中震的设防烈度，小震和大震是相对中震而言的，小震比中震低1.5度，大震比中震高1度左右，但不是绝对意义的小震、大震。

抗震设计和抗震鉴定的设防目标   表 2.4-1

三个水准目标	小震不坏	中震可修	大震不倒
三个水准设计	第一水准烈度	第二水准烈度	第三水准烈度
50年超越概率	63%	10%	2%～3%
烈度	众值烈度 比基本烈度低1.5度、 7度对应5.5、 8度对应6.5、 9度对应7.5	基本烈度 也是设防烈度 6、7、8、9	罕遇烈度 6度对应7度强、 7度对应8度强、 8度对应9度弱、 9度对应9度强
遭遇地震后的反应	正常使用状态抗震分析可视为弹性体系，采用弹性反应谱分析	进入非弹性工作状态，但变形或损坏在可修范围	较大的非弹性变形，但在控制范围内，不倒塌

设防目标是在后续使用年限内具有相同概率保证前提条件下得到的，因此从概率意义上现有建筑与新建工程的设防目标一致。对既有建筑抗震鉴定同样要保证大震不倒，但小震可能会有轻度损坏，中震可能损坏较为严重。这里所说的破坏是指主体结构，而不是装饰装修和设备等。

符合抗震鉴定标准要求的现有建筑，在预期的后续设计使用年限内具有相应的抗震设防目标，对于后续设计使用年限50年的现有建筑，具有与现行国家标准《建筑抗震设计规范》GB 50011相同的设防目标；后续设计使用年限少于50年的现有建筑，在遭遇同样的地震影响时，其损坏程度略大于按后续50年鉴定的建筑。

2.4.2 抗震鉴定的评定方法和主要内容

抗震鉴定的主要内容有两项，一是抗震构造措施评定，二是地震作用组合下的承载力验算。

既有建筑抗震鉴定，首先根据建筑物的地理位置确定抗震设防烈度；根据建筑物的用途确定抗震设防分类；根据建造年代确定后续使用年限的分类。

抗震鉴定的评定方法采用两级评定法。第一级鉴定：宏观控制与构造鉴定和简单的抗震能力验算。第二级鉴定：根据抗震验算和构造影响，评定其综合抗震能力，综合抗震能力包括承载能力和变形能力。

A类建筑采用逐级鉴定、综合评定的方法，第一级鉴定通过时，可不进行第二级鉴定，评定为满足鉴定要求。第一级鉴定未通过时，进行第二级鉴定，作出判断。B、C类建筑进行鉴定、综合评定，需同时进行两级鉴定后，进行综合评定。

B类建筑中，抗震措施满足要求时当主要抗侧力构件承载力不低于规定值的95%、次要抗侧力构件承载力不低于规定值的90%时，可不进行加固。

1. 抗震设防烈度

抗震设防烈度是按国家规定的权限批准作为一个地区抗震设防依据的地震烈度。一般情况下，采用中国地震动参数区划图的地震基本烈度或现行国家标准《建筑抗震设计规范》GB 50011 附录 A 规定的抗震设防烈度。设防烈度共分 6、7、8、9 度四级。

2. 抗震设防分类

所有现有建筑应按现行国家标准《建筑工程抗震设防分类标准》GB 50223 确定其设防类别。分为四类：甲类、乙类、丙类、丁类。

（1）特殊设防类（甲类）：使用上有特殊设施，涉及国家公共安全的重大建筑工程和地震时可能发生次生灾害等特别重大灾害后果，需要进行特殊设防的建筑。

设防目标：应按高于本地区抗震设防烈度提高一度的要求加强其抗震措施；当抗震设防烈度为 9 度时应按比 9 度更高的要求采取抗震措施；同时，应按批准的"场地地震安全性评价"的结果且高于本地区抗震设防烈度确定其地震作用。

甲类建筑包括防灾救灾建筑、医疗建筑、疾病预防与控制中心、科学试验室、国家级信息中心等。

（2）重点设防类（乙类）：地震时使用功能不能中断或需尽快恢复的生命线相关建筑，以及地震时可能导致大量人员伤亡等重大灾害后果，需要提高设防标准的建筑。

设防目标：应按高于本地区抗震设防烈度一度的要求加强其抗震措施；当抗震设防烈度为 9 度时应按比 9 度更高的要求采取抗震措施；地基基础的抗震措施，应符合有关规定。同时按当地抗震设防烈度确定其地震作用。

乙类建筑包括消防车库、防灾指挥中心、应急避难场所、基础设施建筑（给排水、燃气、热力、电力、交通运输、邮电通讯、广播电视）、公共建筑（3000 人以上体育场馆、影剧院、剧场、礼堂、图书馆的视听室和报告厅、文化馆的观演厅和展览厅、娱乐中心建筑、大型的多层商场、博物馆、档案馆、会展建筑中的大型展览馆会展中心）、教育建筑（幼儿园、中小学的教学用房、教室、试验室、图书室、微机室、语音室、体育馆、礼堂、学生宿舍、食堂）、电子信息中心及数据库建筑、结构单元内经常使用人数超过 8000 人的高层建筑等。

（3）标准设防类（丙类）：大量的除（1）、（2）、（4）款以外按标准要求进行设防的建筑。

设防目标：应按本地区抗震设防烈度确定其抗震措施和地震作用，达到在遭遇高于当地抗震设防烈度的预估罕遇地震影响时不至于倒塌或发生危及生命安全的严重破坏。

丙类建筑包括住宅、宿舍、公寓等居住建筑，办公楼等公共建筑，采煤、采油、矿山、原材料生产（冶金、化工、石油、轻工、建材）、加工制造业（机械、船舶、航空、航天、电子、纺织、轻工、医药）等工业建筑。

（4）适度设防类（丁类）：使用上人员稀少且震损不致产生次生灾害，允许在一定条件下适度降低要求的建筑。仓库等为丁类建筑。

设防目标：允许比本地区抗震设防烈度的要求适当降低其抗震措施；当抗震设防烈度为 6 度时不应降低；一般情况下，仍应按本地区抗震设防烈度确定其地震作用。

抗震鉴定时，抗震措施核查和抗震验算的综合鉴定应符合下列要求：

甲类，应经专门研究按不低于乙类的要求核查其抗震措施，抗震验算应按高于本地区设防烈度的要求采用。

乙类，6～8 度应按比本地区设防烈度提高一度的要求核查其抗震措施，9 度时应适当提高要求;抗震验算应按不低于本地区设防烈度的要求采用。

丙类,应按本地区设防烈度的要求核查其抗震措施并进行抗震验算。

丁类,7～9度时,应允许按比本地区设防烈度降低一度的要求核查其抗震措施,抗震验算应允许比本地区设防烈度适当降低要求;6度时应允许不做抗震鉴定。

3. 后续使用年限

现有建筑应根据实际需要和可能,按下列规定选择其后续使用年限:

(1)在20世纪70年代及以前建造经耐久性鉴定可继续使用的现有建筑,其后续使用年限不应少于30年;在80年代建造的现有建筑,宜采用40年或更长,且不得少于30年。

(2)在20世纪90年代(按当时施行的抗震设计规范系列设计)建造的现有建筑,后续使用年限不宜少于40年,条件许可时应采用50年。

(3)在2001年以后(按当时施行的抗震设计规范系列设计)建造的现有建筑,后续使用年限宜采用50年。

不同后续使用年限建筑的抗震鉴定原则:A类30年建筑抗震鉴定(基本沿用95标准方法);B类40年建筑抗震鉴定(相当于89设计规范方法);C类50年建筑抗震鉴定(现行设计规范方法)。标准中给出的是最低后续使用年限,有条件时宜选择更长的后续使用年限,不得随意减少后续使用年限。

4. 提高重点设防类建筑的鉴定要求

(1)乙类建筑,6～8度应按比本地区设防烈度提高一度的要求核查其抗震措施,9度时应适当提高要求;抗震验算应按不低于本地区设防烈度的要求采用。

(2)I类场地上的乙类建筑,其构造措施的鉴定要求不降低。

(3)乙类多层砌体房屋的层数和高度控制。

(4)A类砌体房屋中属重点设防类的,在第一级鉴定中增加了对构造柱设置的鉴定内容,不符合要求时需对综合抗震能力予以折减。

(5)构造柱的设置:按提高一度的要求检查,横墙较少的教学楼还要按增加一层的要求检查,其中外廊或单面走廊的按再增加一层的要求检查。

(6)不允许独立砖柱支承大梁,跨度较大的乙类砌体房屋宜采用现浇或装配整体式楼屋盖。

(7)不应采用单跨框架结构。

(8)A类框架结构增加了6度区的配筋构造鉴定要求。

(9)B类框架要求进行变形验算。

(10)乙类建筑不允许采用内框架或底层框架结构。

5. 既有建筑宏观控制和构造鉴定的基本内容及要求

(1)当建筑的平、立面,质量、刚度分布和墙体等抗侧力构件的布置在平面内明显不对称时,应进行地震扭转效应不利影响的分析;当结构竖向构件上下不连续或刚度沿高度分布突变时,应找出薄弱部位并按相应的要求鉴定。

(2)检查结构体系,应找出其破坏会导致整个体系丧失抗震能力或丧失对重力的承载能力的部件或构件;当房屋有错层或不同类型结构体系相连时,应提高其相应部位的抗震鉴定要求。对建筑抗震整体性能影响较大的部位、楼层有:多层砌体房屋四角、底层大房间;底层框架的底层;内框架的顶层等。

（3）检查结构材料实际达到的强度等级，当低于规定的最低要求时，应提出采取相应的抗震减灾对策。

（4）多层建筑的高度和层数，应符合《建筑抗震鉴定标准》GB 50023 规定的最大值限值要求。

（5）当结构构件的尺寸、截面形式等不利于抗震时，宜提高该构件的配筋等构造抗震鉴定要求。

（6）结构构件的连接构造应满足结构整体性的要求；装配式厂房应有较完整的支撑系统。

（7）非结构构件与主体结构的连接构造应满足不倒塌伤人的要求；位于出入口及人流通道等处，应有可靠的连接。非结构构件指女儿墙等出平面的悬臂构件；围护墙体、填充墙等自承重构件；外墙贴面和雨篷等。

（8）当建筑场地位于不利地段时，尚应符合地基基础的有关鉴定要求。

（9）构件布置重点检查多层砌体房屋窗间墙的宽度；框架柱的短柱；单层厂房的变截面砖柱等。

6. 地震作用和抗震承载力验算

地震作用与建筑物的质量和地震加速度有关，地震引起地面运动对建筑施加的作用包括地震力、变形和能量反应等。地震在建筑物的生命周期内有可能发生，也有可能不发生，因此考虑地震作用承载力验算时，有一个抗震承载力调整系数，结构构件的内力计算中，静载、活载、风载、雪载之外还包括地震作用参与内力组合。

（1）构件抗震承载力验算

按下列公式进行验算：

$$S \leqslant R_{\mathrm{c}}/\gamma_{\mathrm{Ra}}$$
$$R_{\mathrm{c}} = \psi_1\psi_2 R$$

式中　ψ_1——构造的整体影响系数，如圈梁、构造柱、梁柱节点等整体连接构造；

　　　ψ_2——构造的局部影响系数，如局部尺寸、楼梯间等；

　　　γ_{Ra}——抗震鉴定的承载力调整系数，反映了不同后续使用年限要求的不同。其中，B 类建筑，取现行规范值，考虑到与现行规范地震作用及效应的差异，相当于取后续使用年限 40 年；A 类建筑，取现行规范值的 0.85 倍，地震作用计算按 B 类建筑方法，相当于地震影响系数取 $0.85\times0.88=0.75$，即取后续使用年限 30 年；

　　　R——结构构件承载力设计值，按现行国家标准《建筑抗震设计规范》GB 50011 的规定采用，其中，各类结构材料强度的设计指标应按抗震标准附录 A 采用，材料强度等级按现场实际情况确定；

　　　S——结构构件内力（轴向力、剪力、弯矩等）组合的设计值；计算时，有关的荷载、地震作用、作用分项系数、组合值系数，应按《建筑抗震设计规范》GB 50011 的规定采用，其中，场地的设计特征周期可按规范表 3.0.5 确定，地震作用效应（内力）调整系数应按《建筑抗震鉴定标准》GB 50023 的规定采用，8、9 度的大跨度和长悬臂结构应计算竖向地震作用。

（2）抗震鉴定中构件承载力计算应注意的问题

1）多层砌体房屋：

①砂浆强度等级高于砖、砌块的强度等级时，墙体的砂浆强度宜按砖、砌块的强度等级采用；②8度和9度的地震作用取值分别为0.12和0.20，为抗震设计取值的0.75和0.56倍；③应以楼层的综合抗震能力而不是以个别墙段的抗震能力为标准。

2）多层和高层钢筋混凝土房屋：

①承载力抗震调整系数取为按规范设计的0.85，则梁为0.64，柱为0.68，构件抗剪为0.72等；②节点少设箍筋问题；③剪力墙结构中的连梁问题。

7. 考虑场地条件和基础类别的利弊的调整

老旧建筑的抗震鉴定，可根据建筑所在场地、地基和基础等的有利和不利因素，作下列调整：

（1）Ⅰ类场地上的丙类建筑，7～9度时，构造要求可降低一度。

（2）Ⅳ类场地、复杂地形、严重不均匀土层上的建筑以及同一建筑单元存在不同类型基础时，可提高抗震鉴定要求。

（3）建筑场地为Ⅲ、Ⅳ类时，对设计基本地震加速度0.15g和0.30g的地区，各类建筑的抗震构造措施要求宜分别按抗震设防烈度8度（0.20g）和9度（0.40g）采用。

（4）有全地下室、箱基、筏基和桩基的建筑，可降低上部结构的抗震鉴定要求。

（5）对密集的建筑，包括防震缝两侧的建筑，应提高相关部位的抗震鉴定要求。

（6）8、9度时，尚应进行饱和砂土和粉土液化的判别。

2.4.3 地基基础的抗震鉴定

地基基础现状的鉴定，应着重调查上部结构的不均匀沉降裂缝和倾斜，基础有无腐蚀、酥碱、松散和剥落，上部结构的裂缝、倾斜以及有无发展趋势。当基础无腐蚀、酥碱、松散和剥落，上部结构无不均匀沉降裂缝和倾斜，或虽有裂缝、倾斜但不严重且无发展趋势，该地基基础可评为无严重静载缺陷。

下列情况之一的现有建筑可不进行其地基基础的抗震鉴定：

（1）丁类建筑；

（2）地基主要受力层范围内不存在软弱土、饱和砂土和饱和粉土或严重不均匀土层的乙类、丙类建筑；

（3）6度时的各类建筑；

（4）7度时，地基基础现状无严重静载缺陷的乙类、丙类建筑。

存在软弱土、饱和砂土和饱和粉土的地基基础，应根据烈度、场地类别、建筑现状和基础类型，进行液化、震陷及抗震承载力的两级鉴定。符合第一级鉴定的规定时，应评为地基符合抗震要求，不再进行第二级鉴定。

2.4.4 抗震鉴定的结论及处理建议

（1）满足抗震鉴定要求：继续使用，应注明后续使用年限。

（2）对不符合鉴定要求的建筑，可根据其不符合要求的程度、部位对结构整体抗震性能影响的大小，以及有关的非抗震缺陷等实际情况，结合使用要求、城市规划和加固难易等因素的分析，提出相应的维修、加固、改变用途或更新等抗震减灾对策。

（3）维修：少量次要构件不满足要求或外观质量存在问题，结合维修处理。

（4）加固：不满足抗震鉴定要求，从政治、经济、技术的角度，通过加固能达到鉴定要求，按加固规程加固。

（5）改变用途：不满足鉴定要求，但可通过改变用途降低设防类别，使其通过加固或不加固达到新的鉴定要求。

（6）更新：结合规划拆除，短期使用的需采取应急措施。

2.5 建筑物受到灾害影响后鉴定

2.5.1 灾害影响的检测鉴定目的

既有建筑受到灾害的影响，往往导致结构损伤，造成建筑物局部或整体安全性不足，严重者将丧失正常使用功能和安全性，因此需要进行灾后检测鉴定，分析灾害发生原因，评定其破坏程度，为灾后处理提供依据。

按灾害性质可分为两类：一类是自然灾害：地震、台风、冰雪、洪水、滑坡、泥石流、地质塌陷、雷击等自然灾害，其中可确定作用等级的有地震、台风、冰雪和洪水。另一类是人为灾害或偶然灾害：爆炸、撞击、火灾、振动等偶然作用。按照防灾减灾学科分类，城镇工程防灾专业标准分为防火耐火、抗震减灾、抗洪减灾、抗风雪雷击、抗地质灾害和城市综合防灾六个门类。

《房屋建筑工程抗震设防管理规定》（中华人民共和国建设部令第 148 号）规定：破坏性地震发生后，当地人民政府建设主管部门应当组织对受损房屋建筑工程抗震性能的应急评估，并提出恢复重建方案。

地震发生后，县级以上地方人民政府建设主管部门应当组织专家，对破坏程度超出工程建设强制性标准允许范围的房屋建筑工程的破坏原因进行调查，并依法追究有关责任人的责任。国务院建设主管部门应当根据地震调查情况，及时组织力量开展房屋建筑工程抗震科学研究，并对相关工程建设标准进行修订。

技术标准目前有标准化协会的《火灾后建筑结构鉴定标准》CECS 252—2009，以及行业标准《建筑震后应急评估和修复技术规程》JGJ/T 415—2017。

资质和业务范围：资质管理规定参考建设工程和既有房屋鉴定的模式，有些灾后鉴定是由保险公司委托，各种损失都要评估，因此包括各种专业范围。

2.5.2 灾害后检测与一般工程质量检测的区别

1. 两个阶段

应急评估阶段和详细评定阶段。应急评估是灾害后马上开始，以外观检查和工程经验为主，辅助简单的仪器设备作出判断。

详细评定以工程设计施工等资料为基础，借助仪器设备检测，以及验算分析等，得出鉴定结论。

2. 抽样数量

全数检测与抽样检测。一般工程质量检测随机抽取一定比例的样本容量，代表该批的质量情况，灾害后检测需要全数抽样进行检测，每个受到灾害影响的构件及部位等都进行检测。

3. 灾损分级

构件损伤程度1～4级，建筑物损害部位及数量等分为5级。按破坏程度划分等级，分别评定不同等级损坏对安全性的影响，采取不同的处理措施，根据构件损伤、变形及裂缝程度严重程度从轻到重分为四级，破坏严重的四级构件可不再进行详细评估，必须立即采取安全措施或马上拆除更换。评定为二级三级破坏程度的构件等，承载力验算时应考虑截面永久性损伤，以及修补后二次受力、新旧材料组合截面等影响。

4. 对比分析

与没有受到灾害影响的比对，确定影响程度。未受到灾害影响的部位必要时也需要检测评定，目的是与受到灾害影响的部位进行对比，有助于分析判断灾害的损伤程度，特别是没有图纸资料的建筑物灾害后评定。

2.5.3 灾后构件损害分级

1. 构件损伤程度分为四级

（1）基本完好。没有或轻微受到灾害影响，一般不需修理即可继续使用。

（2）轻微损坏。出现轻微裂缝或不明显破坏，需加维修和处理，可继续使用。

（3）中等破坏。构件裂缝变形等比较严重，需加固处理后才可使用。

（4）严重破坏。构件严重破坏或部分倒塌，需拆除或大幅度加固处理。

2. 混凝土构件的火灾损伤检测

应通过全面的外观检查将损伤识别为下列四种状态：

（1）构件未受火灾影响。未受火灾影响状态的识别特征为装饰层完好或仅出现被熏黑现象。对该状态的区域可选取少量构件进行混凝土强度、构件尺寸和构件钢筋配置情况的抽查。

（2）构件表面或表层性能劣化。表面或表层性能劣化状态的识别特征为装饰层脱落、构件混凝土被熏黑或混凝土表面颜色改变，但混凝土未出现爆裂或保护层脱落现象。对构件损伤状态的识别特征为混凝土出现龟裂、剥落、钢筋外露等，但构件没有明显的位移与变形。

（3）构件损伤。构件受到损伤，记录损伤的位置或面积；测定裂缝的宽度或深度，测定混凝土损伤层的厚度；测定损伤层混凝土力学性能；取样测定钢筋力学性能；梁板类构件可能存在的挠度和墙柱类构件可能存在的倾斜。

（4）构件破坏。构件破坏状态的识别特征为梁板类构件产生明显不可恢复性变形、严重开裂，墙柱类构件产生明显的倾斜和梁柱节点出现位移或破坏。

3. 钢结构火灾损坏分为四种状态

（1）构件未受火灾影响。

（2）涂层损坏。防火涂料开裂、脱落。

（3）构件变形或节点连接损伤。节点受温度影响，错位变形，发生明显变形、滑移、拉脱；节点连接开裂，构件变形，弯曲。

（4）构件破坏。构件变形加大，进一步杆件丧失承载力，火灾严重的局部倒塌，甚至结构整体倒塌。

2.5.4　灾后建筑物的损坏分级

1. 灾害后建筑物损伤划分为五个等级

（1）基本完好级。其宏观表征为：地基基础保持稳定；承重构件及抗侧向作用构件完好；结构构造及连接保持完好；个别非承重构件可能有轻微损坏；附属构、配件或其固定、连接件可能有轻微损伤；结构未发生倾斜或超过规定的变形。一般不需修理即可继续使用。

（2）轻微损坏级。其宏观表征为：地基基础保持稳定；个别承重构件或抗侧向作用构件出现轻微裂缝；个别部位的结构构造及连接可能受到轻度损伤，尚不影响结构共同工作和构件受力；个别非承重构件可能有明显损坏；结构未发生影响使用安全的倾斜或变形；附属构、配件或其固定、连接件可能有不同程度损坏。经一般修理后可继续使用。

（3）中等破坏级。其宏观表征为：地基基础尚保持稳定；多数承重构件或抗侧向作用构件出现裂缝，部分存在明显裂缝；不少部位构造的连接受到损伤，部分非承重构件严重破坏。经立即采取临时加固措施后，可以有限制地使用。在恢复重建阶段，经鉴定加固后可继续使用。

（4）严重破坏级。其宏观表征为：地基基础受到损坏；多数承重构件严重破坏；结构构造及连接受到严重损坏；结构整体牢固性受到威胁；局部结构濒临坍塌；无法保证建筑物安全，一般情况下应予以拆除。若该建筑有保留价值，需立即采取排险措施，并封闭现场，为日后全面加固保持现状。

（5）局部或整体倒塌级。其宏观表征为：多数承重构件和抗侧向作用构件毁坏引起的建筑物倾倒或局部坍塌。对局部坍塌严重的结构应及时予以拆除，以防演变为整体坍塌或坍塌范围扩大而危及生命和财产安全。

建筑物灾后的检测，应对建筑物损伤现状进行调查。对中等破坏程度以内有加固修复价值的房屋建筑，应进行结构构件材料强度、配筋、结构构件变形及损伤部位与程度的检测。对严重破坏的房屋建筑可仅进行结构破坏程度的检查与检测。

建筑物灾后的结构分析与校核应考虑灾损后结构的材料力学性能、连接状态、结构几何形状变化和构件的变形及损伤等。应调查核实结构上实际作用的荷载以及风、地震、冰雪等作用的情况；结构分析所采用的荷载效应和荷载分项系数取值应符合国家现行有关标准的规定。

2. 建筑物地震损伤应急检查

地震后应急评估应将损伤识别成下列五种状态：

（1）建筑无损伤。主体结构、围护结构、管线、装饰与装修等均无损伤、松动与脱落等现象。

（2）结构无损伤。构件无开裂、位移、错动和明显的变形，但围护结构与装饰装修等出现损伤与破坏。对于此类结构可评为：在不大于主震的余震影响下可保证结构的安全，但应对围护结构、装饰与装修损伤进行应急处理之后方可使用。

（3）结构构件出现损伤。构件出现裂缝、预制构件出现错动的痕迹、构件存在可见的不可恢复变形等。对于此类结构可评为：在余震发生时有可能出现构件破坏的现象，在余震高发期不宜使用。

（4）构件破坏。构件出现明显的不可恢复性变形、预制构件出现明显的错动、构件出现混凝土压溃现象、钢筋拉断或屈曲、裂缝宽度接近 1.5mm。对于此类结构可评为：在余震发生时有可能产生坍塌。

（5）局部坍塌。

3. 钢结构屋面雪灾损坏形式和原因

雪荷载常会引起屋面结构破坏，冰雪荷载作用下钢结构屋面，尤其是大跨度钢结构常因构件受力较大屈服、破坏，结构构件与构件连接节点变形过大，节点连接件、螺栓、螺钉被剪断或埋件被剪坏，螺栓孔受挤压屈服；焊缝及附近钢材开裂或拉断，甚至发生局部失稳倒塌或整体倾斜、倒塌，屋架破坏造成屋盖塌落的事故较多。

钢结构雪灾损害的主要原因：

（1）缺乏完善的屋盖支撑系统，在大雪等作用下失稳倒塌。有的影剧院、礼堂采用木、钢木屋架，在这种空旷建筑中多因支撑系统不完善而倒塌。

（2）钢屋架施工焊接质量低劣、焊接方法错误、选材不当造成倒塌。如有的双铰拱屋架，因下弦接头采用单面绑条焊接，产生应力集中，绑条钢筋被拉断而倒塌。

（3）钢屋架因失稳倒塌事故很多。由于钢屋架的特点是强度高、杆件截面小，最容易发生屋架的整体失稳或屋架内上弦、端杆、腹杆的受压失稳破坏。

（4）屋面严重超载造成倒塌。主要发生在简易钢屋架结构中，很多简易轻钢屋架，却盲目采用重屋面，加上雪荷载较大作用，轻钢结构对超载很敏感，轻型钢结构屋面竖向刚度差，超载引起压型钢板和檩条大变形，产生很大的拉力，当一侧檩条失效，另一侧檩条将使了钢梁平面外受力加大，梁将产生侧向弯曲和扭转，发生整体失稳。

4. 风灾损坏形式及原因

风灾破坏经常发生在屋面，而网架或屋架结构未坏，原因是屋面板被风吹掉，卸掉一部分荷载，减轻了屋架或网架的应力。一般屋面破坏首先从角部开始，美国规范中角部风荷载体型系数大于中间。尤其是轻钢屋面最容易损坏，沿海的一些国家和地区，砖混结构及混凝土结构的建筑经常采用钢屋架和压型钢板等屋面，当大的台风过后，大部分屋面被风吹落，维护结构、外窗、幕墙以及悬挑结构易被风刮坏。

2.5.5 受地下工程施工影响鉴定

1. 鉴定范围

地下工程施工对邻近建筑的安全造成影响时，应进行下列调查、检测和鉴定：

（1）地下工程支护结构的变形、位移状况及其对邻近建筑安全的影响；

（2）地下水的控制状况及其失效对邻近建筑安全的影响；

（3）建筑物的变形、损伤状况及其对结构安全性的影响。

注：地下工程包括基坑、沟渠和地下隧道等工程。

2. 影响区确定

（1）基坑施工对建筑安全影响的区域，可根据基坑或沟渠侧边距建筑基础底面侧边的最近水平距离 B 与基坑或沟渠底面距建筑基础底面垂直距离 H 的比值划分为 I 类影响区（$B/H > 1$，图 2.5-1）和 II 类影响区（$B/H \leqslant 1$，图 2.5-2）。

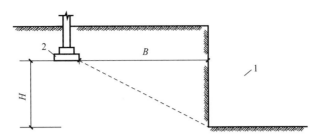

图 2.5-1　$B/H>1$ 基坑对邻近建筑的 I 类影响区

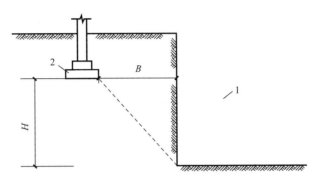

图 2.5-2　$B/H \leqslant 1$ 基坑对邻近建筑的 II 类影响区

（2）地下隧道工程施工对建筑安全影响的区域，可根据地下隧道侧边距建筑基础底面侧边的最近水平距离 B 与地下隧道水平中心线距建筑基础底面垂直距离 H 的比值划分为 I 类影响区（$B/H>1$，图 2.5-3）和 II 类影响区（$B/H \leqslant 1$，图 2.5-4）。

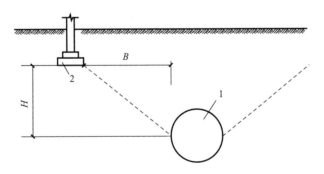

图 2.5-3　$B/H>1$ 地下隧道工程对邻近建筑影响的 I 类影响区

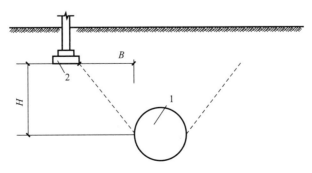

图 2.5-4　$B/H \leqslant 1$ 地下隧道工程对邻近建筑影响的 II 类影响区

3. 地下工程影响鉴定内容

（1）当建筑基础处于Ⅰ类影响区范围时，基坑、沟渠或地下隧道工程施工对建筑安全影响鉴定应包括：

① 当所在区域工程地质情况为中密～密实的碎石土、砂土，可塑～坚硬黏性土；地下工程深度范围内无地下水，或地下水位虽在基底标高之上，但易疏干或采取止水帷幕措施时；建筑结构安全鉴定可不考虑邻近地下工程施工的影响。

② 当所在区域工程地质情况为稍密以下碎石土、砂土和填土，软塑～流塑黏性土；地下水位在基底标高之上，且不易疏干时；对基础处于Ⅰ类影响区范围内的建筑结构安全鉴定，宜根据建筑距地下工程的距离、支护方法和降水措施等综合确定是否考虑邻近地下工程施工的影响。

③ 当所在区域工程地质情况为软质土、流砂层、垃圾回填土、河道、水塘等复杂和不利地质条件，且地下水位在基底标高之上时，对基础处于Ⅰ类影响区范围内的建筑结构安全鉴定应考虑邻近地下工程施工的影响，并应对建筑主体结构损坏及变形和地下隧道、基坑支护或沟渠工程结构的变形进行监测。

（2）当建筑基础处于Ⅱ类影响区范围时，建筑结构安全鉴定应考虑邻近地下工程施工的影响，并应对建筑主体结构损坏及变形和地下隧道、基坑支护或沟渠结构的变形进行监测。考虑周边邻近地下工程施工对建筑结构安全的影响时，应通过调查取得以下资料：

① 邻近地下工程岩土工程勘察报告和地下工程设计图、地下工程施工方案与技术措施及专家评审意见。

② 已进行的地下工程施工进度和质量控制、验收记录。

③ 已进行的建筑和地下工程支护结构变形监测记录。

4. 停止施工的指标

当基坑、沟渠或地下隧道工程施工过程中出现明显地下水渗漏或采用了降水等措施造成周围地表的沉陷和邻近建筑基础不均匀沉降时，应对周围建筑进行损坏与变形的监测并采取防护措施；若遇到下列严重影响建筑结构安全情况之一时，应立即停止地下工程施工，并应对地下工程结构和建筑结构采取应急措施：

（1）基坑支护结构的最大水平变形值已大于基坑支护设计允许值，或水平变形速率已连续3天大于3mm/天（2mm/天）。

（2）基坑支护结构的支撑（或锚杆）体系中有个别构件出现应力骤增、压屈、断裂、松弛或拔出的迹象。

（3）地下隧道工程施工引起的地表沉降大于30mm，或沉降速率已连续3天大于3mm/天（2mm/天）。

（4）建筑的不均匀沉降已大于国家现行标准《建筑地基基础设计规范》GB 50007规定的允许沉降差，或沉降速率已连续3天大于1mm/d，且有变快趋势；建筑物上部结构的沉降裂缝发展显著；砌体的裂缝宽度大于3mm（2mm）；预制构件连接部位的裂缝宽度大于1.5mm；现浇结构个别部分也已开始出现沉降裂缝。

（5）基坑底部或周围土体出现少量流砂、涌土、隆起、陷落等迹象。

注：地下工程毗邻的建筑为人群密集场所或文物、历史、纪念性建筑，或地处交通要道，或有重要管线，或有地下设施需要严加保护时，宜按括号内的限值采用。

2.6　鉴定方案及鉴定报告

2.6.1　鉴定项目

可靠性由安全性、适用性、耐久性组成，必要时包括抗灾害能力。根据工程具体委托要求，按《民用建筑可靠性鉴定标准》GB 50292—2015，可以进行全面的可靠性鉴定，并评定等级，也可以仅进行安全性鉴定，或仅评定适用性、耐久性，有时仅作专项鉴定。

房屋鉴定有全面鉴定，也有专项鉴定，结构的维修改造有专门要求时或发现的问题比较单一时，可进行局部或专项鉴定，如裂缝问题，仅针对出现裂缝的部位进行检测鉴定；结构存在明显的振动影响时，仅对震动进行测试等。

即将出台的专项鉴定标准有国家标准《建筑金属板围护系统检测鉴定及加固技术标准》，以及行业标准《既有建筑幕墙可靠性鉴定及加固规程》。

2.6.2　鉴定对象和范围

鉴定范围或鉴定对象：可以是整幢房屋鉴定或局部鉴定，局部鉴定包括所鉴定房屋的一部分，也可以是其中某一楼层或某类构件。

2.6.3　鉴定深度或层次

可以进行全面的可靠性鉴定并评定等级，也可以仅进行安全性鉴定，或仅评定适用性、耐久性，有时仅作专项鉴定。《民用建筑可靠性鉴定标准》第 3.2.5 条 3 款：当仅要求鉴定某层次的安全性或使用性时，检查和评定工作可只进行到该层次相应程序规定的步骤；第 10.0.2 条：当不要求给出可靠性等级时，民用建筑各层次的可靠性，宜采取直接列出其安全性等级和使用性等级的形式予以表示。

2.6.4　目标使用年限和规范变迁

对于既有房屋鉴定，首先要了解其建造年代，以便确定房屋后续使用年限或称为鉴定的目标使用年限，后续使用年限应根据该民用建筑的使用史、当前安全状况和今后维护制度，由建筑产权人和鉴定机构共同商定。对超过设计使用年限的建筑，其目标使用年限不宜多于 10 年。对需要采取加固措施的建筑，其目标使用年限应按现行相关结构加固设计规范的规定进行确定。

对于既有房屋鉴定，应了解其建造年代，得知当时的设计规范版本。规范总体十年修编一次，每次修编都会增加内容，安全度也不断提高。以《混凝土结构设计规范》GB 50010 为例，从 20 世纪 60 年代的第一版，到现在已经过了 1974 年（第二版）、1989 年（第三版）、2001 年（第四版）、2012 年（第五版）四次修编，其中 60 年代第一版参照苏联规范体系，70 年代第二版容许应力设计方法，80 年代末第三版引入失效概率和可靠度概念，2000 年后第四版可靠度有所提高，2010 年后安全度等又有所提高。

2.6.5　鉴定方案

鉴定机构接受委托后，根据委托人要求，确定鉴定项目、内容和范围，以及鉴定类型，明确是可靠性鉴定、危房鉴定，还是有争议纠纷的检测鉴定。

明确工程名称、工程地点、施工时间、委托单位。需要注意的是，当工程存在质量纠纷时，原则上应由双方委托；诉诸法院或仲裁委的，可由法院或仲裁委委托。

首先查找和审阅图纸资料。包括岩土工程勘察报告、设计计算书、设计变更记录、施工图、施工及施工变更记录、竣工质检及验收文件（包括隐蔽工程验收记录）、定点观测记录、事故处理报告、维修记录、历次加固改造图纸等。

查询建筑物历史。如原始施工、历次修缮、加固、改造、用途变更、使用条件改变以及受灾等情况；原设计、施工、监理单位，结构形式、建筑面积等。

老旧房屋没有图纸的情况下，需要现场测绘，建立平面布置、立面、构件布置等图纸资料。

必要时和条件许可时去现场考察，按资料核对实物现状；调查建筑物实际使用条件和内外环境、查看已发现的问题，必要时可走访设计、施工、监理、建设方等有关人员，听取有关人员的意见等。

在资料分析、明确委托要求和考察现场后，制定检测鉴定方案，对于招标项目，制作投标标书，方案或标书宜包括下列内容：

（1）工程概况。主要包括建造年代、建筑面积、建筑物层数、结构类型、原设计、施工及监理单位，使用情况等。

（2）鉴定项目。确定是可靠性评定、质量事故鉴定、危房鉴定，还是灾害、纠纷确定责任等。

（3）检测鉴定依据。主要包括检测所依据的标准规范及有关的设计技术资料等，如下所列：

• 委托单位提交的工程质量检验/检查委托书；

• 国家、行业或地方的规范和标准，需要特别说明的是，部分工程结构复核验算需要参照非现行设计规范系列进行，这时需要通知委托方并征得委托方的认可；

• 国家、行业或地方的标准图；

• 工程建设标准化协会的相关标准；

• 工程建设的合法文件、设计图、竣工图、施工、监理资料；

• 检测鉴定机构编制的检验细则（该检验细则应提交给委托方并应得到委托方的认可）；

• 相关的企业标准。

（4）鉴定的项目以及评定方法。检测鉴定内容应根据拟检测工程的具体情况确定。实际工程中经常遇到的检测鉴定内容有：结构体系和构件布置的核查、建筑物外观质量检查（裂缝、混凝土不密实、缺陷）、材料强度（包括混凝土强度，钢筋强度、砌体砖强度、砂浆强度等）、构件钢筋配置、构件截面尺寸（轴网尺寸）、混凝土碳化深度、钢筋（材）锈蚀、焊缝和螺栓连接质量（主要针对钢结构）、变形检测（挠度、倾斜、沉降）、防火防腐涂装厚度等监督抽查（主要针对钢结构）、健康检测抽查、结构承载力验算、加载试验、构造措施等。

不同的项目选用不同的检测方法，按照检测方法标准操作，包括确定检测数量和检测的位置，以及所用仪器、设备。

　　检测时应确保所使用的仪器设备在检定或校准周期内，并处于正常状态；仪器设备的精度应满足检测项目的要求。用于现场检测的设备，应建立出入库登记制度。现场检测设备在使用前和返回后应对其功能和校准状态进行核查，并保存相关记录。

　　通用项目的抽检数量，一般参照《建筑结构检测技术标准》GB/T 50344—2004 的规定，根据检测类别确定检测数量；也可参照所采用的技术规程的规定，与委托方协商确定。与委托方协商确定的抽检数量一般不得少于相关标准规定的下限，按单个构件检测或只进行局部检测时可不受此限制。

　　（5）检测鉴定单位的资质和人员情况。包括项目组人数、项目负责人、技术负责人、监督员等，负责人的职业资格、工作年限、职称等。

　　（6）进度安排。

　　（7）所需要的配合工作。包括图纸资料提供，现场的配合。

　　（8）协议及措施。包括安全措施、应急措施、保密协议，检测人员的安全措施及对被检建筑物的生产和使用的安全措施；对被检测单位及工程的保密协议、廉政协议等。

　　（9）检测鉴定收费标准及报价。一般整体可靠性、危险房屋等鉴定按建筑面积收取，单价根据检测的内容及难易程度确定；也可按其他方式确定，如按单项收费进行汇总，一般由检测机构和委托方参照相关收费标准协商确定。

　　专项鉴定根据工作量、复杂程度、鉴定性质（司法鉴定或一般性能鉴定、争议、纠纷、责任确定）、是否加急等情况确定报价。

　　（10）投标项目还包含有近几年的相关业绩等。

2.6.6　鉴定报告主要内容

　　（1）建筑物概况及历年来的使用、维修情况等。主要包括建筑物层数、建筑面积，建造年代，结构类型、原设计、施工及监理单位，使用情况等；使用用途，委托方以及委托原因；外立面照片，平面图（长度、宽度、轴线、规则性、指北针）。

　　（2）鉴定的目的、项目、范围（每栋建筑需单独出具一个报告）。

　　（3）检测鉴定依据。

　　（4）检测鉴定方法、现场调查检测、验算、分析的过程结果（要求所包含信息全面，用数据、图、表、照片表示）。

　　（5）评定结果或评定等级，依据检测结果、设计图纸、相关规范进行结构分析的过程及结果。

　　鉴定报告中，应对危险构件的数量、位置、在结构体系中的作用以及现状作出详细说明，必要时可通过图表来进行说明。

　　（6）检测鉴定结论。根据检测结果及结构分析结果作出的可靠性鉴定结论。

　　（7）对结构存在问题的处理建议。

2.6.7　处理意见和建议

　　对评定为局部危房（C级）或整幢危房（D级）的房屋，一般可按下列方式进行处理：

　　（1）观察使用：适用于采取适当安全技术措施后，尚能短期使用，但需继续观察的房屋。

（2）处理使用：适用于采取适当技术措施后，可解除危险的房屋。

（3）停止使用：适用于已无修缮价值，暂时不便拆除，又不危及相邻建筑和影响他人安全的房屋。

（4）整体拆除：适用于整幢危险且无修缮价值，需立即拆除的房屋。

（5）按相关规定处理：适用于有特殊规定的房屋。

（6）存在危险，危险没有排除，可以采用定期观察，实时监测的处理方案。

在对被鉴定房屋提出处理建议时，应结合周边环境、经济条件等各类因素综合考虑。经济条件指适修性，考虑适修性的分级标准参见表 2.6-1。

子单元或鉴定单元适修性评定的分级标准　　　　　　　　表 2.6-1

等级	分级标准
A_r	易修，修后功能可达到现行设计标准的要求；所需总费用远低于新建的造价；适修性好，应予修复
B_r	稍难修，但修后尚能恢复或接近恢复原功能；所需总费用不到新建造价的 70%；适修性尚好，宜予修复
C_r	难修，修后需降低使用功能，或限制使用条件，或所需总费用为新建造价 70% 以上；适修性差，是否有保留价值，取决于其重要性和使用要求
D_r	该鉴定对象已严重残损，或修后功能极差，已无利用价值，或所需总费用接近甚至超过新建造价，适修性很差；除文物、历史、艺术及纪念性建筑外，宜予拆除重建

2.6.8　CNAS-CI07 对检验机构和检验人员的要求

从事建设工程检查的机构，每一领域专业技术人员中从事本专业相关检查工作 3 年以上并具有中级以上（含中级）技术职称的不得少于 4 名。

负责建设工程检查的关键技术人员包括技术主管、质量主管、授权签字人、监督员等不应兼职，执业资格证书须注册到该检查机构，行业特殊管理规定除外。

检验机构的技术负责人应具备本专业高级技术职称且应有不少于 8 年的本专业工作经历。

负责建设工程检查的人员应具备相应的资格、培训经历、经验和熟悉建设工程检查的要求，并有根据检查结果对总要求的符合性做出专业判断和出具相应报告的能力。

（1）检查员应具备本专业大专（含大专）以上学历，且应有不少于 3 年的本专业工作经历，有职业资格要求的需持资格证。

（2）报告审核人应具备本专业高级技术职称，且应有不少于 5 年的本专业工作经历。

（3）报告授权签字人应具有本专业高级技术职称、相应专业的注册执业资格且应有不少于 8 年的本专业工作经历；或应具有本专业正高级技术职称且应有不少于 16 年的本专业工作经历。

从事建筑工程施工质量检查的机构，其注册执业资格可为注册土木工程师、一级注册建造师、注册监理工程师等。

从事建筑工程性能评价/鉴定的机构，相应专业的注册执业资格只限定为注册土木工程师、一级注册结构工程师。其他行业可按行业主管部门的要求执行。

2.7　建筑结构检测评定（鉴定）JCPD 软件

2.7.1　JCPD 软件解决方案

一个建筑物的检测评定（鉴定）工作涉及不同专业、不同阶段的大量工作，包括信息化模块、模型计算模块、报告编制及报告审批管理模块等，既有内业工作，也有大量现场采集数据处理，整个流程如图 2.7-1 所示。如何整合检测评定工作流程并优化，是 JCPD 软件最为关键的技术，该软件实现了检测评定工作的流程自动化，通过系统导航，可以有效地完成检测评定各个不同的工作，有效地保证检测评定工作的完整及规范。

通过分析图 2.7-1 可知，通过搭建整体检测评定工作架构，以结果文件（检测方案、评估报告和评定/鉴定报告）为目的，综合建筑物的基本信息、检测数据、承载力验算、安全性评定评级及相关归档资料，建立了一套完整的检测评定工作系统，从而实现了基于 BIM 的既有建筑结构检测评定系统。

2.7.2　基于 BIM 模型 JCPD 软件的关键技术研究

为了实现完整的检测与评定信息化系统，课题组在以下几个方面作了重点研究。

1. 系统架构

管理信息系统由人、计算机、数据库三方面组成。人通过计算机将要管理的数据借助数据库手段储存起来，并对数据进行加工处理，得到数据的增值。

按照数据库的访问方式划分，信息化系统分为 C/S 架构和 B/S 架构。

C/S 结构，即 Client/Server（客户机/服务器）结构，通过将任务合理分配到 Client 端和 Server 端，降低了系统的通讯开销，可以充分利用两端硬件环境的优势。在客户端的程序可以承担复杂的逻辑和操作，功能强大。早期的软件系统多以此作为首选设计标准。

B/S 结构，即 Browser/Server（浏览器/服务器）结构，用户完全通过 WWW 浏览器访问服务器。用户通过服务器提供的页面上发出指令，主要业务逻辑都是在服务器端实现。该架构是随着 Internet 技术的兴起，对 C/S 结构的一种变化或者改进的结构。这种结构已成为当今应用软件的首选体系结构。

在 JCPD 系统中，人机交互建立建筑模型功能复杂、即时相应性要求高，建筑安全性评估需要专业的分析程序，因此 C/S 结构是优选；而业务管理方面 B/S 结构更有优势，如不需要安装软件，在可上网的地方即可登录。综合两部分业务的需要，JCPD 系统采用 B/S 和 C/S 相结合的系统架构。

本系统仅仅完成 BIM 基本信息的搜集工作，后续信息的使用还需要信息拥有者继续深化。

2. 检测信息与模型的关联

系统中约定了构件信息的描述方法，即由楼层、轴线名称、构件材料和构件类别进行数据的沟通。其中，柱用两个交叉轴线名称定位，如"1-A 混凝土柱"表示"1"轴和"A"轴交点位置的混凝土柱；梁和墙采用三个轴线名称定位，如"10-B-C 砌体墙"表示"10"轴线上"B"轴和"C"轴之间的砌体墙。

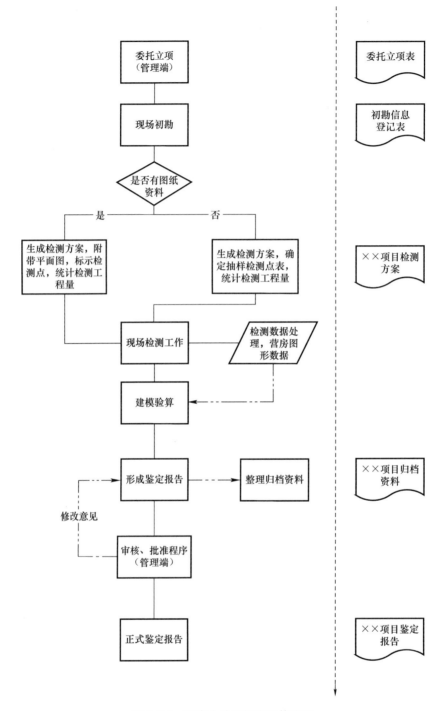

图 2.7-1　程序中检测评定整体流程

　　轴线描述位置信息不仅是为了表达检测的部位，检测这些抽样得到的构件信息后输入系统，就可以选择将信息赋值给对应的构件，也可选择将信息赋值给楼层，还可以选择将最小值赋值给本楼层。赋值后，信息以构件属性的方式记录在模型中。

　　可以带入模型并使用分析程序进行结构安全计算的信息有：被检测构件的混凝土强度

信息、砌体强度信息、保护层厚度、实配钢筋信息等。

　　检测信息作为构件的属性记录在模型中。程序按荷载、混凝土实测强度、基本模型等计算出设计配筋，然后再用实配钢筋与计算配筋比较得出截面或构件的安全系数。砌体结构相对简单，将实测砌体和砂浆强度带入模型就可以直接得到抗力效应比。

3. 报告模板的使用

　　业内的检测报告和评定报告通常采用 word 格式，而且很多单位都有自己的报告样式。为了适应这一用户需要，系统采用 TD 插件定义模板中的参数变量名，以及变量和工程信息的对应关系，形成一系列模板。在生成报告片段时将模板中的变量替换成工程实际的数值，实现报告自动生成的功能。程序提供了交互操作界面，方便定制报告模板，如图 2.7-2 所示。

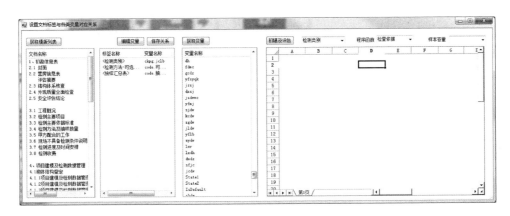

图 2.7-2　程序中报告模板定制

4. 内容更新报告

（1）报告内容的更新是按照数据填写的层次完成的。

（2）项目的基本信息在下达任务的服务器端通过互联网填写。

（3）客户端程序将基本信息带入主检人员填写的初勘表中，然后补充其他数据，如：是否加固过工程，后续使用年限，结构形式，基础形式等信息。

（4）根据初勘表的内容确定检测内容。检测内容区分必检内容和可选项，必检内容是规范工作的要求，不需要勾选；可选内容根据工程情况进行选择。

（5）根据选择的检测内容判定检测依据，即检测内容遵循的国家规范或行业规范。

（6）按照工程构件数量确定采集样本的数量。

（7）根据检测数据进行安全评估。

（8）将以上报告片段合成完整的报告。

5. 报告合成

　　系统按照工程的结构形式套用相应的模板，程序提供砌体结构、钢筋混凝土结构、底框-砌体结构三组模板。每组模板包含按照小节设定的一系列模板。第一次点取报告的某一小节时，系统用相应的数据将模板内容更新，然后由主检人员进行编写；非第一次输入时将上次编辑的文件调出。在执行报告生成时将各章节的报告汇总。

6. 结构安全性评定

　　按照可靠度设计方法采用抗力和效应的分项系数，组合值系数等已经包含在计算结果中，因此，可以直接按已知荷载和材料特性得出的抗力和效应的比值（R/S）来判断构件截面的安全程度。在实际应用时，砌体结构可以按 R/S 来判断安全性，而钢筋混凝土构件效应和抗力并不是单一变量，无法直接进行运算，因此，系统采用实配钢筋和计算钢筋的比值作为评价依据。

检测过程中的材料强度、配筋等信息赋值到模型中的相应构件上；系统在进行静力分析、模态分析时采用实测的构件材料，计算配筋也是按照实测的材料强度计算得到的。

2.7.3 检测数据实现协同化与智能化

按照检查机构能力认可要求及相关检测评定标准要求，比如《建筑结构检测技术标准》GB/T 50344—2004 的规定，一份完整合格的建筑物检测评定报告含有大量的检测数据，包括现场的外观质量检查，结构体系核查，材料、尺寸、配筋的检测，整体倾斜，承载力验算，抗震措施核查等。既有现场检测数据处理，也有内业数据处理。建立结构模型验算，随之大量的数据表格建立，最后这些检测数据及复核结果又要汇总形成一份完整的建筑物检测评定报告。

因此，完成一份完整合格的检测评定报告，从前期到现场，再到内业处理和报告编写，不可能一个人独立完成，必需一个由主检人员组成的检测小组（团队）合力完成，基于 BIM 的建筑结构检测评定软件 JCPD，正是为此设计服务，从而保证检测小组的协同化与智能化，这也是该软件是否高效工作的关键技术之一。

JCPD 软件设计中，在工作目录"workDir"下面，软件会依据检测方案中检测项目，自动生成该项目相应的检测数据文件夹，如"材料强度""尺寸检测""配筋检测""变形检测"等，检测小组可根据具体工程安排各主检人员，合理安排现场检测及业内数据处理，通过软件中检测数据处理对话框中的"导入/导出"，可方便地汇总各种不同检测数据及处理结果，操作界面如图 2.7-3 所示。同样也便于进行不同检测数据的分配及查询，从而实现检测数据之间协同工作及智能化。

图 2.7-3　程序中检测数据的导入/导出操作

2.7.4　数据资料的自动化归档

依照检查机构能力认可（中国合格评定国家认可委员会，简称 CNAS）的要求，也是作为一个检测评定（鉴定）机构最基本的质量要求，检测数据必须具有溯源性。因此，当在完成一份完整合格的检测评定报告之前，全部的检测数据必须进行归档，作为检测评定报告的必备资料，才能进入报告评审及批准阶段。

目前，完成检测评定报告过程中，需要耗费大量的人力与时间去做检测数据的归档，这个工作其实在检测数据处理过程中已经做过，但由于目前基于人工完成检测评定工作，归档资料又需要人工重新梳理一遍，是造成目前检测评定报告周期较长的主要原因之一。

JCPD 软件从设计之初考虑了归档资料的处理，采用在检测数据处理过程中就自动完成后续归档资料的整理，形成归档资料的电子文档，作为基于 BIM 的既有建筑结构检测评定的主要功能之一，能有效提高检测评定报告的工作周期，实现检测数据的查询、管理及后续备案的自动化。

2.7.5　JCPD 软件的工程应用

以某检测评定工程项目为例，一个底框结构住宅楼，包含混凝土结构与砖混结构，通过应用软件 JCPD，完成一个检测评定工作过程。分三个部分介绍：检测数据、验算模型、评定（鉴定）报告。

本工程为地上 6 层底框结构，房屋平面布局呈矩形，总长度约为 51.6m，最大宽度约为 12.3m。该房屋分为三个单元，两侧单元屋顶为坡屋面结构，中间单元屋顶为平屋面结构。1 层层高为 3.9m，2～6 层层高为 3.0m，房屋总高度约为 18.9m；房屋高宽比为 1.5，抗震横墙最大间距为 4.4m，均满足《建筑抗震设计规范》GB 50011—2010 中多层砌体房屋一般规定项目的要求。各层结构平面布置如图 2.7-4 和图 2.7-5 所示。

根据现场工程情况，确定的检测项目如下：

（1）结构体系核查；

（2）外观质量全面检查；

（3）墙体砌筑砖强度检测；

（4）墙体砌筑砂浆强度检测；

（5）混凝土强度检测；

（6）混凝土构件钢筋配置情况检测；

（7）混凝土构件截面尺寸检测；

（8）基础形式、埋深、尺寸及材料强度检测；

（9）整体倾斜检测；

（10）房屋安全性评定。

依照《建筑结构检测技术标准》GB/T 50344—2004 第 3.3.13 条，按检测类别 B 类确定检测批的最小样本容量。除结构外观质量全面检查，其余检测项目（材料强度和截面尺寸等）根据设计图纸资料确定抽样数量，具体抽样数量见表 2.7-1。

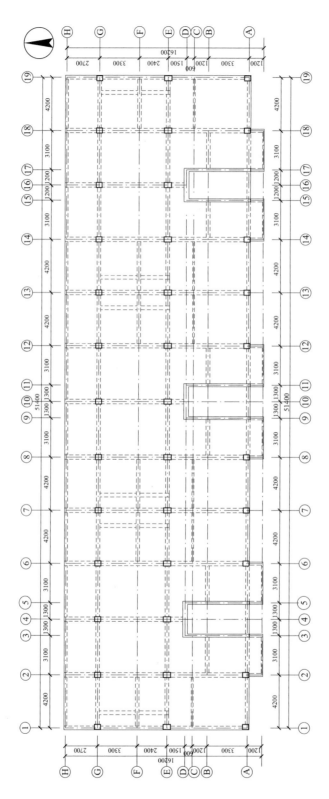

图 2.7-4　某住宅楼 1 层结构平面示意图

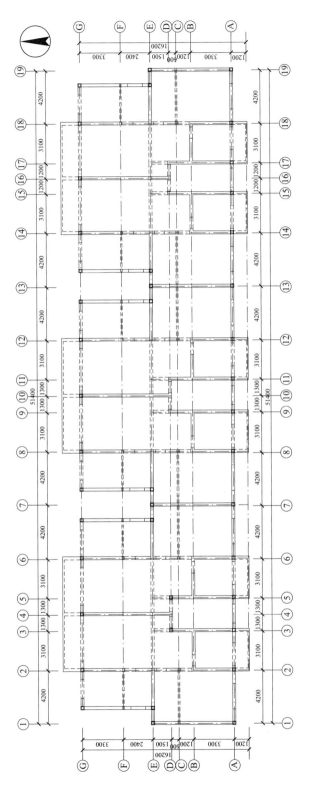

图 2.7-5　某住宅楼 2~6 层结构平面示意图

某住宅楼现场检测批容量   表 2.7-1

序号	住宅楼	类别	总量 （每层）	抽样 （每层）	备注
1		独立基础	36		C20
2		基础梁	84	1	C20
3		1层框架柱	36	9	C30
4		1层抗震墙	9	3	C30
5	（1层底框、5层砖混） 3个单元 约4000m²	1层顶梁	126	20	C30
6		2～6层现浇梁	57		C20
7		2～6层构造柱	53	—	C20
8		2～6层砌筑砖	—		MU10
9		2层砌筑砂浆	—	10	M10
10		3层砌筑砂浆	—		M7.5
11		4～6层砌筑砂浆	—		M5.0

混凝土芯样数量：底框柱6个＋基础1个

现场检测工作完成后，进行该住宅楼的建模及检测数据处理，如图2.7-6所示。

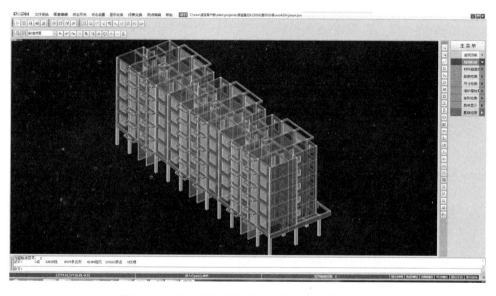

图 2.7-6　JCPD程序进行底框建模及检测数据处理

通过检测小组的分工配合，把相应的"材料强度""尺寸检测""配筋检测""变形检测"文件导入到软件中，进行相应评定，通过构件的轴线号与模型的构件——对应。当符合原设计的要求时，可按原设计的规定取值；如不符合，采取现场实测值。

软件中点击"4.1.4生成底框SATWE"和"4.1.5底框SATWE内力、配筋计算"，进行住宅楼的模型验算过程。同时，JCPD软件自动生成计算书、结构安全评定评级汇总表、柱梁配筋验算对比结果等，如图2.7-7和图2.7-8所示。

表1：结构构件安全性鉴定评级汇总表

鉴定部位及构件			构件评级和含量百分比（%）								
			构件总数	a	%	b	%	c	%	d	%
主要构件	1层	柱	36	/	/	/	/	/	/	36	100
主要构件	1层	梁	204	/	/	/	/	/	/	204	100
一般构件	1层	板									

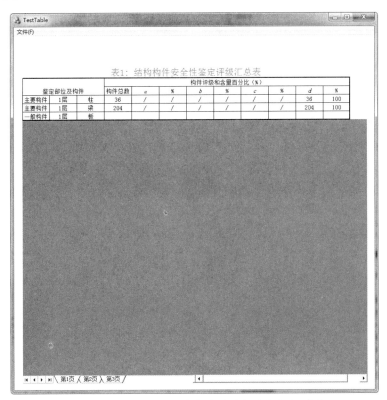

图 2.7-7　JCPD 程序结构构件安全评定评级汇总表

表1：梁配筋验算对比结果

序号	构件位置	验算位置	设计配筋	设计面积(mm2)	验算面积(mm2)	结论
1	1层　1号梁	支座1		0	72	
		支座2		0	72	
		跨中		0	72	
		箍筋		0	13	
2	1层　21号　A-3-4	支座1		0	677	
		支座2		0	0	
		跨中		0	300	
		箍筋		0	39	
3	1层　41号　12-A-1	支座1		0	1260	
		支座2		0	0	
		跨中		0	2737	
		箍筋		0	66	
4	1层　61号　C-1-2	支座1		0	120	
		支座2		0	181	
		跨中		0	361	
		箍筋		0	17	
5	1层　81号　8-D-E	支座1		0	1050	
		支座2		0	3002	
		跨中		0	1050	
		箍筋		0	126	
6	1层 101号　E-11-1	支座1		0	0	
		支座2		0	515	
		跨中		0	300	
		箍筋		0	33	
7	1层 121号梁	支座1		0	1318	
		支座2		0	0	
		跨中		0	1241	
		箍筋		0	101	
8	1层 141号梁	支座1		0	450	
		支座2		0	0	
		跨中		0	1342	
		箍筋		0	33	
		支座1		0	0	
		支座2		0	810	

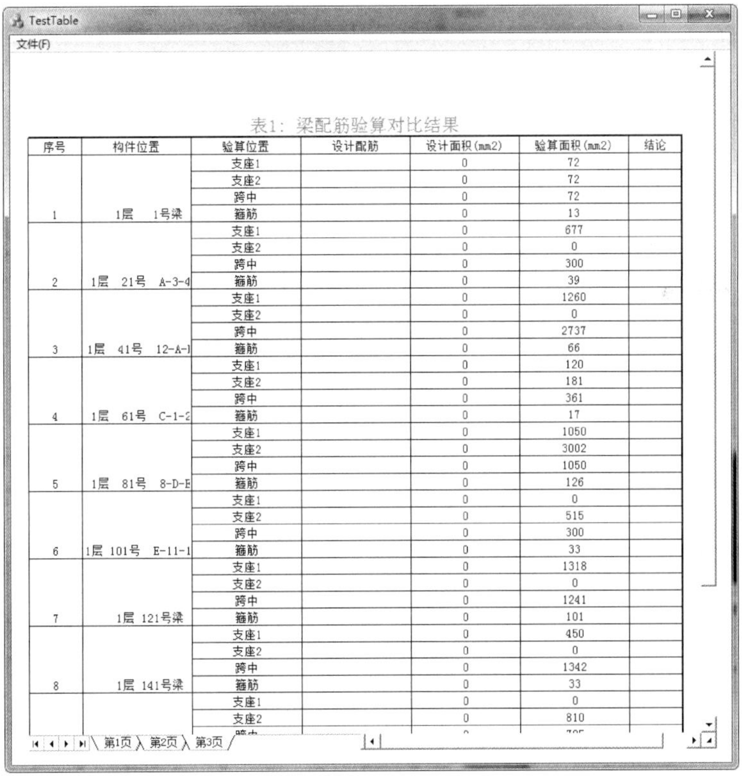

图 2.7-8　JCPD 程序梁配筋验算对比表

点击系统导航的"形成鉴定报告",进入 JCPD 软件的第五节"鉴定报告",此节包括 8 项:①封面、②房屋信息表、③结构体系核查、④外观质量全面检查、⑤现场检测、⑥承载力验算及抗震措施核查、⑦安全鉴定结论和⑧报告生成。其中第①、②项在软件的基本信息表中自动导入,可在软件右侧窗口适当编辑保存即可;第③、④项需要主检人员在右侧窗口中按照模型进行输入与编辑,插入必要的照片或表格,操作同 word 或 WPS;第⑤、⑥项,相应的检测数据从模型自动导入进相应的文档,适当编辑即可,抗震措施需要主检人员按模板格式进行编写;第⑦项,在验算模型过程中已形成相应评定评级文档,自动导入,如图 2.7-9 所示,主检人员综合检测评定的工作内容,给出此住宅楼的安全性评定评级结论。

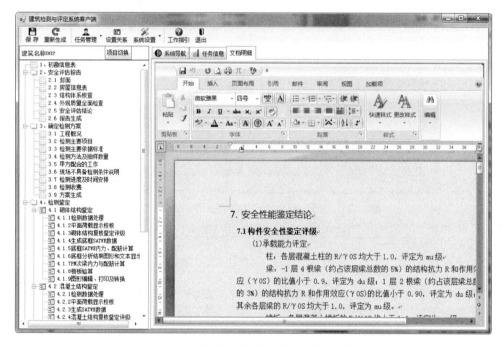

图 2.7-9　JCPD 程序安全性评定评级文档的自动导入

当第①~⑦项工作内容完成后,点击第⑧项"报告生成",一个完整合格的检测评定报告自动生成,适当编辑补充后,点击"任务管理"→"任务上传",JCPD 软件自动将评定报告、归档资料一并打包上传服务器,进入报告评审批准阶段。

综上所述,本案例底框住宅楼的评定结论为:依据《民用建筑可靠性鉴定标准》第 8 章的规定,住宅楼的安全性评定评级为 C_{su} 级。如图 2.7-10 所示。

2.7.6　检测评定(鉴定)JCPD 软件展望

从上节可知,安全性评定评级综合了检测工作及相关数据评定、复核及安全性评级,JCPD 软件主要辅助主检人员,结合所有的检测数据及验算结果(外观质量、结构体系、承载力验算、整体倾斜等)才能得出建筑物的评定评级结论。因此,主检人员也必须具备专业的结构知识和扎实的检测评定工作基础。

由于 JCPD 软件涉及相关领域较多,包含建筑结构、检测评定、信息化管理及 BIM 技

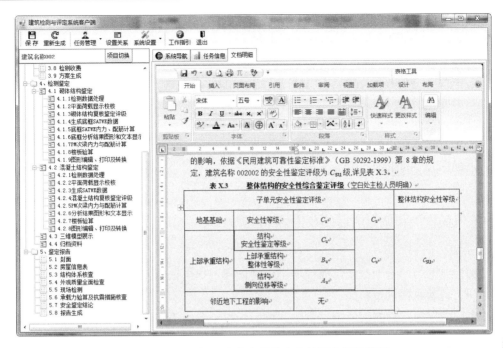

图 2.7-10　JCPD 程序住宅楼的安全性评定评级范例

术等，因此，重点选择两种结构类型，砖混结构（含底框结构）与混凝土结构，今后 JCPD 软件仍需要补充更多、更深入的工作，具体如下：

（1）JCPD 软件已经解决了建筑模型中构件编号的定位问题，可以实现检测批的赋值或单个构件的赋值，基于此，还需要继续深入研究及完善各种构件的验算评定（鉴定），即从输入材料尺寸、结构内力计算、构件抗力复核直至进行抗力作用比分析，并结合信息化处理和三维建模技术，使检测评定软件与 BIM 技术深入结合。

（2）实际生活中既有建筑包含各种结构类型，JCPD 软件还需要完善补充钢结构、木结构、混合结构等，以满足不同既有建筑的实际工作需要，也让 JCPD 软件逐步成为大型检测评定（鉴定）软件平台，为今后广泛应用奠定基础。

（3）已采取"服务器＋客户端"（含工具软件）方式，充分利用"互联网＋"概念及 BIM 技术，今后还需采用 BIM 模型对接互转，提高数据共享及协同工作，以及 VR 技术及信息化技术、三维模型展示、集成管理平台等应用，从而不仅带来结构检测评定行业的大变革，也促进我国建筑工程全寿命周期的管理水平。

第3章 既有建筑结构检测技术

3.1 结构现场检测目的及方法

3.1.1 现场检测和调查的目的及内容

1. 检测目的

结构检测的目的是为结构可靠性鉴定和性能评定提供依据，或者对施工质量进行检测评定，为工程验收提供资料。

根据检测对象，检测的范围可分为两种，一种是对建筑物整体进行全面检测，对其安全性、适用性和耐久性做出全面的评定；另一种是专项检测，一般只需检测有关构件，或检测某个项目或参数。

2. 现场检测和调查内容

（1）结构体系和构件布置

对照设计图纸，现场调查结构的体系和构件的布置，明确建筑物的抗震设防要求，结构的连接和保证构件承载能力的构造措施，结构的用途是否符合设计要求，承重构件的位置以及是否存在拆改承重结构的现象等。

没有图纸资料的建筑物，需要现场检测结构体系和构件布置。

（2）材料强度及性能

材料强度的检测和评定是结构可靠性鉴定的重要指标，如钢筋混凝土结构的混凝土强度、钢筋强度，砌体结构的砌块强度、砂浆强度，钢结构的钢材强度等，以及其他一些影响结构性能的材料性能，如钢材力学性能及化学成分、冷弯性能等，混凝土的抗渗性能，有机材料的老化性能、粘结强度等。

（3）几何尺寸

几何尺寸是结构和构件承载力验算的一项指标，截面尺寸也是计算构件自重的指标。几何尺寸一般可对照设计图纸，现场抽样进行核查，如果是老建筑物图纸不全或图纸丢失，需要现场实测各类构件的截面尺寸。此外还应现场测量建筑物的平面尺寸、立面尺寸，如开间、进深、梁板构件的跨度，墙柱构件的高度，建筑物的层高、总高度、楼层标高等。

（4）外观质量和缺陷检测

外观质量检查是现场检测的重要内容，检查建筑物关键部位和节点连接处是否出现开裂、松动、裂缝扩展、位移，结构构件是否出现变形、扭曲、歪闪等，房屋是否存在渗漏水现象等；检测混凝土构件的外观是否有露筋、蜂窝、孔洞、局部振捣不实等，砌体构件是否有风化、剥凿、块体缺棱、掉角，砂浆灰缝均匀、饱满等，钢结构构件表面是否有夹层、非金属夹杂等。

（5）结构损伤及截面损失

既有建筑的构件承载力验算时应计入锈蚀、腐蚀、腐朽、虫蛀、风化、裂缝、缺陷、损伤以及施工偏差等的影响，因此，需要检测承重砖墙或柱表面风化、剥落，砂浆粉化等有效截面减小的削弱程度，混凝土保护层因钢筋锈蚀而脱落后的截面尺寸；或木结构柱脚腐朽等受损面积，钢结构锈蚀后截面尺寸等。

（6）耐久性检测

包括混凝土碳化深度、砌体的抗冻性等；侵蚀性介质含量，包括氯离子含量和碱含量骨料活性检测；水泥安定性、钢筋钢材锈蚀程度等。

（7）变形检测

水平构件的变形应检测其挠度，垂直构件的变形应检测其倾斜度。

（8）裂缝检测

包括裂缝的位置、走向，裂缝的最大宽度、长度、深度，裂缝的数量等。

（9）构造和连接

构造和连接是保证结构安全性和抗震性能的重要措施，特别是砌体结构的整体性构造要求，钢结构的连接和构造等。

（10）结构的作用

作用在结构上的荷载，包括荷载种类、荷载大小、作用位置等。恒荷载可以通过构件截面尺寸、装饰、装修材料做法、尺寸检测等，按材料比重和体积计算其标准值。如果是活荷载或灾害作用，应检测或调查荷载的类型、作用时间，还应包括火灾的着火时间、最高温度；飓风的级别、方向；水灾的最高水位、作用时间；地震的震级、震源等。

（11）荷载检验

为了更直接、更直观地检验结构或构件的性能，对建筑物的局部或某些构件进行加载试验，检验其承载能力和适用性等。适用于梁板类的构件。

（12）动力测试

对建筑物整体的动力性能进行测试，根据动力反应的振幅、频率等，分析整体的刚度、损伤，是否有异常等，根据频率判断舒适性。

（13）监测

重要工程和大型公共建筑在施工阶段开始进行结构安全性监测；老旧房屋危险性的动态监测。

（14）建筑物环境

现场查看确定建筑物所处环境，干燥环境包括干燥通风环境、室内正常环境，潮湿环境如高度潮湿、水下、水位变动区、潮湿土壤、干湿交替环境，含碱环境如海水、盐碱地、含碱工业废水、使用化冰盐的环境；环境作用的组成、类别、位置或移动范围、代表值以及组合方式；机械、物理、化学和生物方面的环境影响；结构的防护措施。

3.1.2　检测方案和检测方法

1. 检测方案

制定检测方案，与委托方共同确定合同的基础。建筑结构的检测方案应根据检测目的、建筑结构现状调查结果和设计施工资料分析来制定。

检测方案包括的主要内容：

（1）工程概况，主要包括建筑物层数、建筑面积、建造年代、结构类型、原设计、施工及监理单位等。

（2）检测目的或委托方的检测要求，确定是安全性评定还是质量纠纷确定责任等。

（3）检测依据，主要包括检测所依据的标准及有关的技术资料等；对于通用的检测项目，应选用国家标准或行业标准；对于有地区特点的检测项目，可选用地方标准；没有国家标准、行业标准或地方标准的，可选用检测单位制定的检测细则。

（4）检测项目，选用的检测方法，检测数量和检测位置。

（5）检测人员情况，包括项目负责人、现场安全员等。

（6）检测工作进度计划，包括现场时间、内业时间、合同履行期限等。

（7）所需要的配合工作，包括水电要求、配合人员要求、装修层的剔除及恢复等。

（8）检测中的安全措施，包括检测人员的安全措施及对被检建筑物的生产和使用的安全措施。

2. 检测方法及抽样方案

检测批的定义：检测项目相同、质量要求和生产工艺等基本相同，由一定数量构件等构成的检测对象。

外观质量缺陷通过目测或简单的仪器检测，抽样数量是100%，受到灾害影响的检测也是全数抽样检测；几何尺寸和尺寸偏差的检测，宜选用一次或二次计数抽样方案；结构构造连接的检测，应选择对结构安全影响大的部位进行抽样；构件结构性能的荷载检验，应选择同类构件中荷载效应相对较大和施工质量相对较差的构件或受到灾害影响、环境侵蚀影响构件中有代表性的构件。

材料强度等按检测批检测的项目，应进行随机抽样，且最小样本容量符合《建筑结构检测技术标准》GB/T 50344—2004的规定或专用标准的抽样数量要求。

首先统计各检测批的样本容量，根据检测类别确定样本最小容量，检测批的最小样本容量不宜小于表3.1-1的限定值。

建筑结构抽样检测的最小样本容量　　　　　　　　　　　　　　　表3.1-1

检测批的容量	检测类别和样本最小容量			检测批的容量	检测类别和样本最小容量		
	A	B	C		A	B	C
2～8	2	2	3	501～1200	32	80	125
9～15	2	3	5	1201～3200	50	125	200
16～25	3	5	8	3201～10000	80	200	315
26～50	5	8	13	10001～35000	125	315	500
51～90	5	13	20	35001～150000	200	500	800
91～150	8	20	32	150001～500000	315	800	1250
151～280	13	32	50	＞500000	500	1250	2000
281～500	20	50	80				

注：检测类别A适用于一般施工质量的检测和既有建筑的检测，检测类别B适用于结构质量或性能的检测，检测类别C适用于结构质量或性能的严格检测或复检。

检测时应确保所使用的仪器设备在检定或校准周期内，并处于正常状态，仪器设备的精度应满足检测项目的要求。

检测的原始记录，应记录在专用记录纸上，数据准确，字迹清晰，信息完整，不得追记、涂改。当采用自动记录时，应有复印件归档，原始记录必须由检测及记录人员签字。发现数据异常和数量不足等，应补充检测。

3.1.3　现场检测技术标准

1. 建筑结构检测通用标准

（1）《建筑地基检测技术规范》JGJ 340—2015

（2）《建筑基桩检测技术规范》JGJ 106—2014

（3）《建筑结构检测技术标准》GB/T 50344—2004

（4）《砌体工程现场检测技术标准》GB/T 50315—2011

（5）《混凝土结构现场检测技术标准》GB/T 50784—2013

（6）《钢结构现场检测技术标准》GB/T 50621—2010

（7）《混凝土结构试验方法标准》GB/T 50152—2012

2. 建筑结构检测专用标准

（1）《回弹法检测混凝土抗压强度技术规程》JGJ/T 23—2011

（2）《超声回弹综合法检测混凝土强度技术规程》CECS 02：2005

（3）《钻芯法检测混凝土强度技术规程》JGJ/T 384—2016

（4）《拔出法检测混凝土强度技术规程》CECS 69：2011

（5）《剪压法检测混凝土抗压强度技术规程》CECS 278：2010

（6）《后锚固法检测混凝土强度技术规程》JGJ/T 208—2010

（7）《拉脱法检测混凝土抗压强度技术规程》JGJ/T 378—2016

（8）《高强混凝土强度检测技术规程》JGJ/T 294—2013

（9）《贯入法检测砌筑砂浆抗压强度技术规程》JGJ/T 136—2017

（10）《钻芯法检测砌体抗剪强度及砌筑砂浆强度技术规程》JGJ/T 368—2015

（11）《超声法检测混凝土缺陷技术规程》CECS 21：2000

（12）《建筑变形测量规范》JGJ 8—2016

（13）《工程测量规范》GB 50026—2007

（14）《混凝土中钢筋检测技术规程》JGJ/T 152—2008

（15）《混凝土强度检验评定标准》GB/T 50107—2010

（16）《焊缝无损检测　超声检测　技术、检测等级和评定》GB/T 11345—2013

（17）《钻芯检测离心高强混凝土抗压强度试验方法》GB/T 19496—2004

3.2　材料强度和性能检测

3.2.1　钢筋材料性能和配置

1. 钢筋力学性能

构件中钢筋力学性能包括钢筋拉伸试验、冷弯试验、硬度检验、冲击韧性、疲劳强度、焊接性能、预应力钢材的松弛率等。

没有图纸资料时一般采用破损法，即凿开混凝土，截取钢筋试样，然后对试样进行力学试验，以此确定钢筋的屈服强度、抗拉强度、延伸率、断面收缩率等。对有抗震要求的构件钢筋，为保证结构延性，钢筋抗拉强度实测值应不小于屈服强度实测值的 1.25 倍，钢筋屈服强度实测值不应大于强度标准值的 1.3 倍。现场检测无特殊要求时，可只做拉伸试验，或拉伸和冷弯试验，应选择结构构件中受力较小的部位截取钢筋试件，如梁板类受弯构件中，在跨度的 1/3～1/4 处截取钢筋；柱类受压构件可在柱高度的中部截取钢筋。截断后的钢筋应用同规格的钢筋补焊修复。

既有结构钢筋抗拉强度的检测也可采用里氏硬度仪（图 3.2-1 和图 3.2-2）测试钢筋表面硬度，推算钢筋强度。表面硬度方法具有检验效率高、测试快捷、读数方便、对产品表面损伤轻微等优点；缺点是适用于估算结构中钢材抗拉强度的范围，不能准确推定钢材的强度。测试前需凿除混凝土保护层，露出钢筋，可用钢锉或角磨机打磨钢筋表面，打磨掉钢筋的 2～3 个横肋，并打磨出约 50mm 长、宽度不小于 6mm（$\phi6$、$\phi8$、$\phi10$mm 的钢筋打磨面可适当减小）的打磨面。把打磨过的钢筋用校准过的里氏硬度仪测出钢筋打磨面的表面硬度，保持冲击头与测试面的垂直，测点要求布置均匀，并至少间隔 3mm 以上。每根钢筋的端部附近测 9 个点，取 9 个点硬度的平均值作为钢筋的硬度值。可参考《黑色金属硬度及强度换算值》GB/T 1172 等标准的规定确定钢材的换算抗拉强度。

图 3.2-1　里氏硬度仪　　　　图 3.2-2　数显式里氏硬度仪

2. 钢筋化学成分检验

钢筋化学成分分析应取样后在试验室进行检验。可根据需要进行全成分分析或主要成分分析，化学成分主要有碳、锰、硅、磷和硫五项。钢材化学成分的分析每批钢材可取一个试样，也可用拉伸和弯曲试验过的钢筋进行检验，或现场钻取粉状物，按相应产品标准进行评定。

3. 钢筋间距和保护层厚度

钢筋位置和保护层厚度采用磁感仪（图 3.2-3）、钢筋扫描仪（图 3.2-4）或雷达仪（图 3.2-5）检测。

磁感仪是应用电磁感应原理来检测混凝土中钢筋间距、混凝土保护层厚度及直径。扫描仪是通过发射和接收到的毫微秒级电磁波来检测混凝土中钢筋间距和混凝土保护层厚度。雷达仪是利用雷达波（电磁波的一种）在混凝土中的传播速度来推算其传播距离，判断钢筋位置及保护层厚度。雷达法可以成像，宜用于结构构件中钢筋间距的大面积扫描检测；当检测精度满足要求时，也可用于钢筋混凝土保护层厚度检测。

图 3.2-3　磁感仪

图 3.2-4　钢筋扫描仪

图 3.2-5　雷达仪

非破损的方法检测保护层厚度存在误差。要提高检测精度,可采用在钢筋位置的表面少量钻孔、剔凿,直接量测保护层厚度,对非破损测量结果进行修正。钻孔、剔凿的时候不得损坏钢筋,实测保护层厚度采用游标卡尺量测,量测精度为 0.1mm。

混凝土保护层厚度检测结果应记录检测部位、钢筋保护层设计值、钢筋公称直径、保护层厚度检测值、厚度平均值及验证值;钢筋间距检测结果应记录检测部位、设计配筋间距、检测值、验证值,并给出被测钢筋的最大间距、最小间距和平均钢筋间距。

4. 钢筋直径

采用以数字显示示值的钢筋探测仪来检测钢筋公称直径。建筑结构常用的钢筋外形有光圆钢筋和带肋钢筋,钢筋直径是以 2mm 的差值递增的,带肋钢筋以公称直径来表示,因此对于钢筋公称直径的检测,要求检测仪器的精度要高,如果误差超过 2mm 则失去了检测意义。由于钢筋探测仪容易受到邻近钢筋的干扰而导致检测误差的增大,因此当误差较大时,应以剔凿实测结果为准。

3.2.2　混凝土强度

1. 混凝土强度检测概述

混凝土是当代建筑工程中用量最大的结构材料之一。混凝土抗压强度是混凝土最主要的参数之一,混凝土强度等级是以 28d 的标养试块或同条件养护试块进行抗压强度检验,并以试块的平均值或中值作为其强度的代表值,而现场检测所得出的强度是检测时所对应龄期的混凝土结构强度。

我国已制订较多的技术规程，《回弹法检测混凝土抗压强度技术规程》JGJ/T 23—2011、《高强混凝土强度检测技术规程》JGJ/T 294—2013、《超声回弹综合法检测混凝土强度技术规程》CECS 02：2005，《钻芯法检测混凝土强度技术规程》JGJ/T 384—2016、《拔出法检测混凝土强度技术规程》（CECS 69：2011）、《剪压法检测混凝土挤压强度技术规程》CECS 278：2010、《后锚固法检测混凝土强度技术规程》JGJ/T 208—2010，《拉脱法检测混凝土抗压强度技术规程》JGJ/T 378—2016。此外，北京、江苏、山东、陕西、河北等地还有相应的地方规程。

在相同的生产工艺条件下，混凝土强度等级相同，原材料、配合比、成型工艺、养护条件基本一致且龄期相近的同类结构或构件，可以按批进行检测。抽检构件时，应随机抽取并使所选构件具有代表性。

当委托方指定检测对象或范围，或因环境侵蚀或火灾、爆炸、高温以及人为因素等造成部分构件损伤时，检测对象可以是单个构件或部分构件。但检测结论不得扩大到未检测的构件或范围。

由于现行检测标准或规程均为推荐性标准，所采用的标准不同，抽样检测方案也会有差别。专用标准《回弹法检测混凝土抗压强度技术规程》JGJ/T 23—2011 和《超声回弹综合法检测混凝土强度技术规程》CECS 02：2005 规定相同：按批进行检测的构件，抽检数量不得少于同批构件总数的 30%，且构件数量不得少于 10 件。

既有建筑结构检测中，混凝土强度检测常用的检测方法有：回弹法、超声-回弹综合法和钻芯法。除钻芯法直接钻取芯样测定结构混凝土的实际强度外，其他方法都是通过间接的参数来换算混凝土强度。

从一般常识来看，对于同一个工程，采用不同的检测方法，得到的检测结果应该是相同的，或者至少是相近的。然而，检测实践中发现，同一工程采用不同的检测方法，得到的检测结果往往存在较大差异，有时这种差异会导致在评定混凝土强度是否满足设计要求时出现两种截然不同的结论。

从检验精度来说，钻芯法准确度最高，它反映的是同条件养护同龄期的混凝土强度；拉拔法、拉脱法、后锚固法、剪压法是代表 30～40mm 深度的混凝土强度，根据拔出力和剪压力来推断混凝土抗压强度；超声回弹综合法和回弹法是非破损的方法，回弹法是通过混凝土表面硬度来对应混凝土强度，超声是通过混凝土的密实度对应混凝土强度，误差较大，常需要用钻芯来修正。

回弹法和超声回弹综合法现场检测比较方便，对结构构件没有损伤，只需要剔除构件表面抹灰层；拉拔法现场需要电源，预先安装埋件，然后拉拔仪进行拉拔；钻芯法现场需要有电，还需要有水给钻芯机冷却。拉拔法和钻芯法都对结构有损伤，检测结束后需要修补。

2. 回弹法混凝土抗压强度检测

回弹法检验混凝土抗压强度是最常用的方法，回弹仪有普通回弹仪（图 3.2-6）和全自动回弹仪（图 3.2-7），但是要注意该方法的适用条件。

（1）回弹法的适用范围

被检测混凝土的表层质量应具有代表性，对标准能量为 2.707J 的回弹仪，符合下列条件的混凝土方可采用该方法进行检测：

① 混凝土采用水泥、砂石、外加剂、掺合料、拌合用水符合现行国家有关标准；

② 采用普通成型工艺；

③ 采用符合国家标准规定的模板；

④ 蒸汽养护出池后经自然养护 7d 以上，且混凝土表层为干燥状态；

⑤ 自然养护龄期为 14～1000d；

⑥ 抗压强度为 10～60MPa。

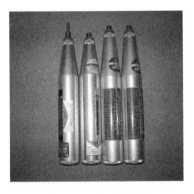

图 3.2-6　普通回弹仪

图 3.2-7　数显全自动回弹仪

（2）老旧混凝土回弹法检测的龄期修正系数

龄期超过 1000d 且由于结构构造等原因无法采用取芯法对回弹检测结果进行修正的混凝土结构构件，根据《民用建筑可靠性鉴定标准》GB 50292 附录 K，可采用龄期修正系数对回弹法检测得到的测区混凝土抗压强度换算值进行修正，修正系数见表 3.2-1，但应符合下列条件：

① 龄期超过 1000d，但处于干燥状态的普通混凝土；

② 混凝土外观质量正常，未受环境介质作用的侵蚀；

③ 经超声波或其他探测法检测结果表明，混凝土内部无明显的不密实区和蜂窝状局部缺陷；

④ 混凝土抗压强度等级在 C20～C50 级之间，且实测的碳化深度已大于 6mm。

测区混凝土抗压强度换算值龄期修正系数　　　　　　　　　　　　　表 3.2-1

龄期 (d)	1000 (2.7 年)	2000 (5.4 年)	4000 (11 年)	6000 (16.4 年)	8000 (21.9 年)	10000 (27.4 年)	15000 (41.1 年)	20000 (54 年)	30000 (82 年)
修正系数 α_n	1.00	0.98	0.96	0.94	0.93	0.92	0.89	0.86	0.82

3. 超声回弹综合法检测混凝土抗压强度

（1）适用范围

被检测混凝土的内外质量应无明显差异，且符合下列条件的混凝土方可采用该方法进行检测：

① 混凝土用水泥应符合现行国家标准《通用硅酸盐水泥》GB 175 的要求；

② 混凝土用砂、石骨料应符合现行行业标准《普通混凝土用砂、石质量及检验方法标准》JGJ 52 的要求；

③ 可掺或不掺矿物掺合料、外加剂、粉煤灰、泵送剂；

④ 人工或一般机械搅拌的混凝土或泵送混凝土；

⑤ 自然养护；

⑥ 龄期 7～2000d；

⑦ 混凝土强度 10～70MPa。

（2）混凝土抗压强度数据处理

《超声回弹综合法检测混凝土强度技术规程》CECS 02：2005 中第 4 章及第 5 章分别给出了测区回弹值及声速值的计算方法、混凝土强度的推定方法，简述如下。

① 测区平均回弹值的计算：测区回弹代表值应从该测区的 16 个回弹值中剔除 3 个较大值和 3 个较小值，根据其余 10 个有效回弹值计算其平均值。

② 回弹值的修正：非水平状态下测得的回弹值，进行测试角度的回弹修正，然后进行顶面或底面的回弹值修正。

（3）测区声速的计算

超声测点应布置在回弹测试的同一侧面内，每一测区布置 3 个测点。超声测试宜优先采用对测或角测；当被测构件不具备对测或角测条件时，可采用单侧面平测。超声测试时，换能器辐射面应通过耦合剂与混凝土测试面良好耦合。图 3.2-8 所示为混凝土超声仪及换能器。

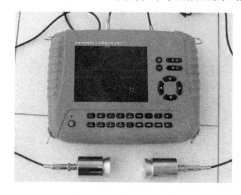

图 3.2-8　混凝土超声仪

（4）强度换算值计算方法

根据修正后测区回弹值 R_{ai} 及修正后的测区声速值 v_{ai}，优先采用专用或地区测强曲线推定构件第 i 个测区的混凝土强度换算值 $f_{cu,i}^c$。

（5）单个构件检测

当属同批构件按批抽样检测，若全部测区强度的标准差出现下列情况时，则该批构件应全部按单个构件检测：

① 一批构件的混凝土抗压强度平均值 $m_{f_{cu}^c}<$ 25.0MPa，标准差 $s_{f_{cu}^c}>$4.50MPa；

② 一批构件的混凝土抗压强度平均值 $m_{f_{cu}^c}=25.0\sim50.0$MPa，标准差 $s_{f_{cu}^c}>$5.50MPa。

③ 一批构件的混凝土抗压强度平均值 $m_{f_{cu}^c}>50.0$MPa，标准差 $s_{f_{cu}^c}>6.50$MPa。

4. 钻芯法检测混凝土抗压强度

（1）适用范围

钻芯法适用于抗压强度不大于 80MPa 的普通混凝土抗压强度的检测；对于强度等级高于 80MPa 的混凝土、轻骨料混凝土和钢纤维混凝土的强度检测，应通过专门的试验确定。采用钻芯机和规定尺寸的钻头（图 3.2-9）在混凝土表面进行钻取，钻芯前应探测钢筋位置，避开钢筋取芯。标准芯样（图 3.2-10）尺寸是直径 100mm，加工后的高度也是 100mm，也可以钻取 70mm 以上的小芯样。

（2）钻芯法检测混凝土抗压强度数据处理

① 芯样试件的混凝土强度换算值，系指用钻芯法测得的芯样强度，换算成相应于测试龄期的边长为 150mm 的立方体试块的抗压强度值。

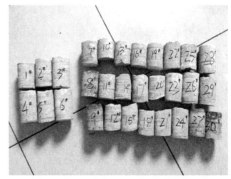

图 3.2-9　钻芯机及钻头　　　　　图 3.2-10　混凝土芯样

② 芯样试件的混凝土强度换算值，应按下式计算：

$$f_{cu}^c = \frac{4F}{\pi d^2}$$

式中　f_{cu}^c——芯样试件混凝土强度换算值（MPa），精确至 0.1MPa；

　　　F——芯样试件抗压试验测得的最大压力（N）；

　　　d——芯样试件的平均直径（mm）。

③ 高度和直径均为 100mm 芯样试件的抗压强度测试值，可直接作为混凝土的强度换算值。

④ 单个构件或单个构件的局部区域，可取芯样试件混凝土强度换算值中的最小值作为其代表值。

（3）取芯修正

为提高混凝土检测的精度，《建筑结构检测技术标准》GB/T 50344—2004 规定，回弹法、超声回弹综合法或后装拔出法宜进行钻芯修正，直径 100mm 混凝土芯样试件的数量不应少于 6 个，直径不小于 70mm 的混凝土芯样数量不应少于 9 个。

采用钻芯修正法时，宜选用总体修正量的方法。总体修正量方法中的芯样试件换算抗压强度样本的均值 $f_{cor,m}$；总体修正量 Δ_{tot} 和相应的修正可按下式计算：

$$\Delta_{tot} = f_{cor,m} - f_{cu,m0}^c$$

$$f_{cu,i}^c = f_{cu,i0}^c + \Delta_{tot}$$

式中　$f_{cor,m}$——芯样试件换算抗压强度样本的均值；

　　　$f_{cu,m0}^c$——被修正方法检测得到的换算抗压强度样本的均值。

　　　$f_{cu,i}^c$——修正后测区混凝土换算抗压强度；

　　　$f_{cu,i0}^c$——修正前测区混凝土换算抗压强度。

采用钻芯修正法时，也可选用一一对应的修正系数，钻取芯样时每个部位应钻取一个芯样，计算时，测区混凝土强度换算值应乘以修正系数。

修正系数按下式计算：

$$\eta = \frac{1}{n} \sum_{i=1}^{n} f_{cor,i} / f_{cu,i}^c$$

式中　η——修正系数，精确至 0.01；

　　　$f_{cu,i}^c$——对应于第 i 个试件或芯样部位回弹值和碳化深度值的混凝土强度换算值，精确至 0.1MPa；

$f_{cor,i}$——第 i 个混凝土芯样试件的抗压强度值，精确至 0.1MPa；

　　n——试件数。

5. 拔出法

（1）适用范围

被检测混凝土的表层质量应具有代表性，且混凝土的抗压强度和混凝土粗骨料的最大粒径圆环式适用于粗骨料最大粒径不大于 40mm 的混凝土。三点式反力支承内径 $d_3=$ 120mm，锚固件的锚固深度 $h=35$mm，钻孔直径 $d_1=22$mm，三点式适用于粗骨料最大粒径不大于 60mm 的混凝土。不应超过《拔出法检测混凝土强度技术规程》CECS 69：2011 限定的范围。

（2）检测方法

拔出法设备由钻孔机、磨槽机、锚固件及拔出仪等组成。现场检测时，首先由钻孔机在构件上钻孔，然后用磨槽机在孔底扩空，磨出凹槽，并在孔内安装锚固件，通过拉拔仪拉拔锚固件至锚固件从混凝土构件中拔出，根据拉拔力推算混凝土抗压强度。拉拔仪有圆环式支承和三点式反力支承两种（图 3.2-11 和图 3.2-12）。

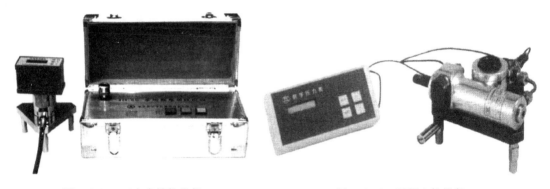

图 3.2-11　三点支撑拉拔仪　　　　图 3.2-12　混凝土拉拔仪

单个构件上均匀布置 3 个测点，根据拉拔力计算混凝土抗压强度。如果 3 个拔出力中的最大值和最小值与中间值之差均小于中间值的 15%，则布置 3 个测点即可；如最大值或最小值与中间值之差大于中间值的 15%（包括两者均大于中间值的 15%），应在最小拔出力测点附近再加测 2 个点。当按批抽样检测时，抽检数量不应少于同批构件总数的 30%，且不少于 10 件，每个构件不应少于 3 个测点。

6. 剪压法

剪压法是应用专用剪压仪（图 3.2-13）对混凝土构件直角边施加垂直于承压面的压力，使构件直角边产生局部剪压破坏，并根据剪压力来推定混凝土强度的检测方法。

（1）适用范围

被检测结构或构件的混凝土应符合下列规定：

① 混凝土用水泥应符合现行国家标准《通用硅酸盐水泥》GB 175 的规定；

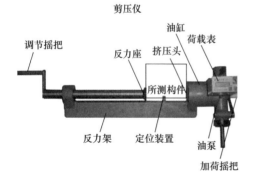

图 3.2-13　剪压仪

② 混凝土用砂、石骨料应符合现行行业标准《普通混凝土用砂、石质量及检验方法标准》JGJ 52 的规定；

③ 混凝土应采用普通成型工艺；

④ 钢模、木模及其他材料制作的模板应符合现行国家标准《混凝土结构工程施工质量验收规范》GB 50204 的规定；

⑤ 龄期不应少于 14d；

⑥ 抗压强度应在 10～60MPa 范围内；

⑦ 结构或构件厚度不应少于 80mm。

（2）检测方法

检测时，应将剪压仪在测位安装就位，圆形压头轴线与构件承压面应垂直，压头圆柱面与构件承压面垂直的相邻面应相切（图 3.2-14）。

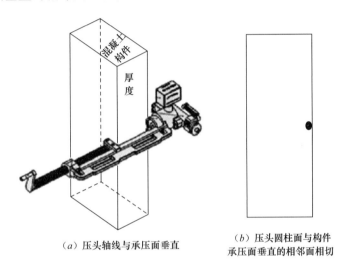

（a）压头轴线与承压面垂直　　　　（b）压头圆柱面与构件
　　　　　　　　　　　　　　　承压面垂直的相邻面相切

图 3.2-14　剪压仪安装使用方法

按检测批抽样检测时，构件抽样数不应少于同批构件的 10%；当同一检测批中构件间混凝土外观质量有较大差异，或构件混凝土强度标准差较大时，应适当扩大抽样数。测位数量与布置应符合下列规定：

① 在所检测构件上应均匀布置 3 个测位；当 3 个剪压力中的最大值与中间值之差及中间值与最小值之差均超过中间值的 15% 时，应再加测 2 个测位。

② 测位宜沿构件纵向均匀布置，相邻两测位宜布置在构件的不同侧面上。测位离构件端头不应小于 0.2m，两相邻测位间的距离不应小于 0.3m。

③ 测位处混凝土应平整，无裂缝、疏松、孔洞、蜂窝等外观缺陷。测位不得布置在混凝土成型的顶面。

④ 测位处相邻面的夹角应为 88°～92°。当不满足这一要求时，可用砂轮略做打磨处理。

⑤ 测位应避开预埋件和钢筋。

摇动手摇泵手柄，应连续均匀施加剪压力，加力速度宜控制在 1.0kN/s 以内，直至剪压部位混凝土破坏，记录破坏状态和破坏时的剪压力，精确至 0.1kN。

当剪压破坏面出现下列情况之一时检测无效，并应在距测位 0.3～0.5m 处补测：

① 有外露的钢筋；

② 有外露的预埋件；

③ 有夹杂物；

④ 有空洞；

⑤ 其他异常情况。

其他异常情况指：当剪压仪安装不妥，加压后剪压仪滑脱，而引起剪压破坏面过小，剪压力偏低；当测位处有粗骨料，加压后仅粗骨料从混凝土中剥脱，引起剪压破坏面过小，剪压力偏低；当剪压破坏面中未发现有粗骨料时，剪压力会偏低。

（3）剪压仪检测数据处理

结构或构件第 i 个测位混凝土强度换算值应按下式计算：

$$f_{cu,i}^c = 1.4N_i$$

式中　$f_{cu,i}^c$——测位混凝土强度换算值（MPa），精确至 0.1MPa；

　　　N_i——测位的剪压力（kN），精确至 0.1kN。

参照《混凝土强度检验评定标准》GB 50107，混凝土强度推定值如下：

① 取构件中各测位强度换算值的平均值作为该构件混凝土强度代表值。

② 当按单个构件检测时，将构件混凝土强度代表值除以 1.15 后的值作为构件混凝土强度推定值。

③ 当检验批中所抽检构件数少于 10 个时，检验批的混凝土强度推定值取两者的较小值：

$$f_{cu,e1} = m_{f_{cu}^0}/1.15$$
$$f_{cu,e2} = m_{f_{cu,min}^c}/0.95$$

④ 当检验批中所抽检构件数不少于 10 个时，检验批的混凝土强度推定值取两者的较小值：

$$f_{cu,e1} = m_{f_{cu}^c} - \lambda_1 s_{f_{cu}^c}$$
$$f_{cu,e2} = f_{m,min}^c/\lambda_2$$

式中　λ_1，λ_2——判定系数，应按表 3.2-2 取值；其他系数与回弹法相同。

混凝土强度判定系数 表 3.2-2

抽检构件数	10～14	15～19	≥20
λ_1	1.15	1.05	0.95
λ_2	0.9	0.85	

图 3.2-15　后锚固法混凝土强度检测仪器

7. 后锚固法

后锚固法试验装置由拔出仪、锚固件、钻孔机、定位圆盘及反力支承圆环等组成（图 3.2-15）。测点布置完成后进行钻孔，钻孔过程中钻头应始终与混凝土表面保持垂直，钻孔完毕后，将定位圆盘与锚固件连接后注射锚固胶，待锚固胶固化后进行拔出试验，根据拉拔力推算混凝土抗压强度。

（1）适用范围

① 普通混凝土用材料且粗骨料为碎石，其最大粗径不大于 40mm；

② 抗压强度范围为 10～80MPa；

③ 采用普通成型工艺；

④ 自然养护 14d 或蒸气养护出池后经自然养护 7d 以上。

（2）检测方法

① 每一构件应均匀布置 3 个测点，最大拔出力或最小拔出力与中间值之差大于中间值的 15% 时，应在最小拔出力测点附近再加测 2 个测点。

② 测点应优先布置在混凝土浇筑侧面，混凝土浇筑侧面无法布置测点，可在混凝土浇筑顶面布置测点。布置测点前，应清除混凝土表层浮浆，如混凝土浇筑面不平整时，应将测点部位混凝土打磨平整。

③ 相邻两测点的间距不应小于 300mm，测点距构件边缘不应小于 150mm；

④ 测点应避开接缝、蜂窝、麻面部位，且后锚固法破坏体破坏面无外露钢筋；

⑤ 测点应标有编号，必要时宜描绘测点布置的示意图。

⑥ 成孔尺寸应符合：钻孔直径为（27±1）mm；钻孔深度为（45±5）mm。

⑦ 拔出试验过程中，施加拔出力应连续、均匀，其速度应控制在 0.5～1.0kN/s。施加拔出力至拔出仪测力装置计数不再增加为止，记录极限拔出力，精确至 0.1kN。

（3）检测数据处理

当无专用测强曲线和地区测强曲线时，可按下式计算混凝土强度换算值：

$$f_{cu,i}^c = 2.1667P_i + 1.8288$$

式中　$f_{cu,i}^c$——测位混凝土强度换算值（MPa），精确至 0.1MPa；

　　　P_i——测位的拔出力（kN），精确至 0.1kN。

单个构件检测时，构件 3 个拔出力中最大和最小值与中间值之差均小于中间值 15% 时，应取最小值作为该构件拔出力计算值。根据此拔出力计算值，按上式计算其强度换算值，并将此强度换算值作为单个构件混凝土强度推定值。

按批构件检测时，其批强度的评定与回弹法批推定相同。

8. 拉脱法

拉脱法检测混凝土强度技术是一项新的检测技术，该技术的原理为在普通混凝土结构构件上，钻制直径 44mm、深度 44mm 芯样，用具有自动夹紧试件的拉脱仪（图 3.2-16）进行拉脱试验，根据芯样的拉脱力推定结构构件混凝土抗压强度。

（1）适用范围

适用于结构构件 10～100MPa 混凝土抗压强度的检测；不适用于纤维混凝土的强度检测。

（2）检测方法

1）测点布置应符合以下规定：

① 拉脱测点宜选结构构件混凝土浇筑方向的侧面，相邻拉脱测点的间距不应小于 300mm，距构件边缘不应小于 100mm，检测时应保持拉脱仪的轴线垂直于混凝土检测面；

图 3.2-16　拉脱仪

② 检测面应清洁、干燥、密实，不应有接缝、施工缝并应避开蜂窝、麻面部位；

③ 拉脱测点应布置在便于钻芯机安放与操作的部位。

2）拉脱试件应在以下部位钻取：

① 结构构件受力较小的部位；

② 混凝土强度具有代表性的部位；

③ 钻制时应避开钢筋、预埋件和管线。

（3）抽检要求

1）按单个构件检测时，应在构件上布置测点，每个构件上测点布置数量应为 3 个。

2）对铁路和公路桥梁、桥墩等大型结构构件，应布置不少于 10 个测点。

3）按检测批抽检时，构件抽样数应为 10 个－15 个，每个构件应布置不少于 1 个测点。

4）按检测批抽样检测时，同批结构构件应符合下列条件：

① 设计混凝土强度等级应相同；

② 混凝土原材料、配合比、施工工艺、养护条件和龄期应相同；

③ 结构构件种类应相同，施工阶段所处位置应相同；

④ 同一检测批结构构件可包括同混凝土强度等级的梁、板、柱、剪力墙。

（4）拉脱试验

① 拉脱试件应处于自然风干的状态，试验前拉脱仪应先清零，调整三爪夹头套住拉脱试件。

② 在试验过程中应连续均匀加荷，加荷速度宜控制为（130～260）N/s，在试件断裂时应立即读取最大拉脱力值；

③ 拉脱出的试件，应用游标卡尺测量试件断裂处相互垂直位置的直径尺寸。

（5）检测数据处理

① 单个构件检测时，记录每点最大拉脱力 F_i，测量试件断裂处相互垂直的直径尺寸 D_1，D_2。第 i 个拉脱试件的平均直径 $D_{m,i}$、截面积 A_i 及强度换算值 $f^c_{cu,r}$ 应按下列公式计算：

$$D_{m,i} = (D_1 + D_2)/2$$
$$A_i = (\pi \cdot D^2_{m,i})/4$$
$$f_{p,i} = F_i/A_i$$
$$f_{p,m,i} = \frac{1}{3}\sum_{i=1}^{3} f_{p,i}$$
$$f^c_{cu,r,i} = af^b_{p,m,i}$$

式中　D_1，D_2——第 i 个拉脱试件互为垂直的两个方向直径（mm），精确至 0.1mm；

　　　　$D_{m,i}$——第 i 个拉脱试件平均直径（mm），精确至 0.1mm；

　　　　F_i——第 i 个拉脱试件测得的最大拉脱力（N），精确至 1N；

　　　　A_i——第 i 个拉脱试件截面积（mm），精确至 0.01mm²；

　　　　$f_{p,i}$——第 i 个测点试件拉脱强度值（MPa），精确至 0.001MPa；

　　　　$f_{p,m,i}$——第 i 个构件拉脱试件强度平均值（MPa），精确至 0.001MPa；

　　　　$f^c_{cu,r,i}$——第 i 个构件拉脱强度换算的混凝土立方体抗压强度代表值（MPa），精确至 0.1MPa；

　　　　a，b——测强曲线系数值，应由试验数据回归确定。

② 大型结构构件按检测批抽检，拉脱试件的平均直径、截面积及试件拉脱强度值应按单个构件平均直径、截面积、拉脱强度值方法计算，第 i 个换算的混凝土抗压强度值应按下式计算：

$$f_{cu,i}^{c} = a f_{p,i}^{b}$$

式中　$f_{cu,i}^{c}$——第 i 个测点换算的混凝土立方体抗压强度值（MPa），精确至 0.1MPa；

　　　　$f_{p,i}^{b}$——第 i 个测点试件拉脱强度值（MPa），精确至 0.001MPa；

　　　　a——测强曲线系数值，应由试验数据回归确定。

（6）抗压强度换算与推定

1）强度换算

混凝土的抗压强度换算可按下式计算：

$$f_{cu,i}^{c} = 22.886 f_{p,i}^{0.877}$$

式中　$f_{cu,i}^{c}$——第 i 个测点换算的混凝土立方体抗压强度值（MPa），精确至 0.1MPa；

　　　　$f_{p,i}^{0.877}$——第 i 个测点试件拉脱强度值（MPa），精确至 0.001MPa。

2）抗压强度推定

结构构件混凝土立方体抗压强度推定值 $f_{cu,e}$ 应按下列规定确定：

① 按单个构件检测，由拉脱强度值换算的混凝土立方体抗压强度代表值 $f_{cu,r,i}^{c}$，可作为构件的混凝土抗压强度推定值 $f_{cu,e}$，并按下式确定：

$$f_{cu,e} = f_{cu,r,i}^{c}$$

式中　$f_{cu,e}$——结构构件混凝土强度推定值（MPa），精确至 0.1MPa；

　　　　$f_{cu,r,i}^{c}$——第 i 个构件拉脱强度换算的混凝土立方体抗压强度代表值（MPa），精确至 0.1MPa。

② 对大型结构构件的检测，混凝土推定强度应按下列公式计算：

$$f_{cu,e} = m_{f_{cu}^{c}} - 1.645 S_{f_{cu}^{c}}$$

$$m_{f_{cu}^{c}} = \frac{1}{n} \sum_{i=1}^{n} f_{cu,i}^{c}$$

$$S_{f_{cu}^{c}} = \sqrt{\frac{\sum_{i=1}^{n} (f_{cu,i}^{c})^2 - n(m_{f_{cu}^{c}})^2}{n-1}}$$

式中　$f_{cu,i}^{c}$——第 i 个测点换算的混凝土立方体抗压强度值（MPa），精确至 0.1MPa；

　　　　$m_{f_{cu}^{c}}$——结构构件测点混凝土强度换算值的平均值（MPa），精确至 0.1MPa；

　　　　$S_{f_{cu}^{c}}$——结构构件测点混凝土强度换算值的标准差（MPa），精确至 0.01MPa；

　　　　n——测点数（个）。

③ 按检测批抽检的混凝土推定强度，宜按大型结构构件混凝土推定强度计算方法确定，当计算结果略低于设计值时，也可按现行国家标准《建筑结构检测技术标准》GB/T 50344 的规定计算混凝土强度推定区间。

3.2.3　砌体材料强度

1. 砌体材料强度检测概述

我国早在 20 世纪 50 年代，针对砌体工程事故分析鉴定，中国建筑科学研究院等单位曾采用直接从墙体上切锯砌体试件办法确定砌体抗压强度。近年来，老旧房屋事故的增多和抗震加固工作的全面开展，我国砌体力学性能现场检测技术有了量的飞跃和质的突破，解决了我国砌体工程质量检测鉴定的需要，推动了我国砌体力学性能现场检测技术的发展和提高，现行的《砌体工程现场检测技术标准》GB/T 50315—2011包括11种砌体力学性能的检测方法，还有《贯入法检测砌筑砂浆抗压强度技术规程》JGJ/T 136—2001、《钻芯法检测砌体抗剪强度及砌筑砂浆强度技术规程》JGJ/T 368—2015及《非烧结砖砌体现场检测技术规程》JGJ/T 371—2016，各方法的特点详见表3.2-3。

既有砌体结构材料强度检测方法

表3.2-3

序号	检测方法及标准名称	检测项目	特点	适用范围	限制条件
1	切制抗压试件法《砌体工程现场检测技术标准》GB/T 50315—2011《非烧结砖砌体现场检测技术规程》JGJ/T 371—2016	砌体抗压强度、抗剪强度	1. 属取样检测，检测结果综合反映了材料质量和施工质量； 2. 试件尺寸与标准抗压试件相同，直观性、可比性较强； 3. 设备较重，现场取样时有水污染； 4. 墙体有较大局部破损，需切割、搬运试件； 5. 检测结果不需要换算	1. 检测各种砖砌体的抗压强度； 2. 火灾、环境侵蚀后的砌体剩余抗压强度	取样部位每侧的墙体宽度不应小于1.5m，且为墙体长度方向的中部或受力较小处
2	原位轴压法《砌体工程现场检测技术标准》GB/T 50315—2011《非烧结砖砌体现场检测技术规程》JGJ/T 371—2016	砌体抗压强度	1. 属原位检测，直接在墙体上检测，检测结果综合反映了材料质量和施工质量； 2. 直观性、可比性较强； 3. 设备较重； 4. 检测部位有较大局部破损	1. 检测各种砖砌体的抗压强度； 2. 火灾、环境侵蚀后的砌体剩余抗压强度	1. 槽间砌体每侧的墙体宽度不应小于1.5m，测点宜选在墙体长度方向的中部； 2. 限用于240mm厚砖墙
3	扁顶法《砌体工程现场检测技术标准》GB/T 50315—2011《非烧结砖砌体现场检测技术规程》JGJ/T 371—2016		1. 属原位检测，直接在墙体上检测，检测结果综合反映了材料质量和施工质量； 2. 直观性、可比性较强； 3. 扁顶重复使用率较低； 4. 砌体强度较高或轴向变形较大时，难以测出抗压强度； 5. 设备轻； 6. 检测部位有较大局部破损	1. 检测各种砖砌体的抗压强度； 2. 检测古建筑和重要建筑的受压工作应力； 3. 检测砌体弹性模量； 4. 火灾、环境侵蚀后的砌体剩余抗压强度	1. 槽间砌体每侧的墙体宽度不应小于1.5m，测点宜选在墙体长度方向的中部； 2. 不适用于测试墙体破坏荷载大于400kN的墙体
4	原位单剪法《砌体工程现场检测技术标准》GB/T 50315—2011	砌体抗剪强度	1. 属原位检测，直接在墙体上检测，检测结果综合反映了材料质量和施工质量； 2. 直观性强； 3. 检测部位有较大局部破损	检测各种砖砌体的抗剪强度	测点选在窗下墙部位，且承受反作用力的墙体应有足够长度
5	原位双剪法《砌体工程现场检测技术标准》GB/T 50315—2011《非烧结砖砌体现场检测技术规程》JGJ/T 371—2016		1. 属原位检测，直接在墙体上检测，检测结果综合反映了材料质量和施工质量； 2. 直观性较强； 3. 设备较轻便； 4. 检测部位局部破损	检测各种砖砌体的抗剪强度	—

序号	检测方法及标准名称	检测项目	特点	适用范围	限制条件
6	推出法《砌体工程现场检测技术标准》GB/T 50315—2011《非烧结砖砌体现场检测技术规程》JGJ/T 371—2016	砂浆抗压强度	1. 属原位检测，直接在墙体上检测，检测结果综合反映了材料质量和施工质量；2. 设备较轻便；3. 检测部位局部破损	检测 240mm 厚混凝土普通砖、混凝土多孔砖、烧结普通砖、烧结多孔砖、蒸压灰砂砖和蒸压粉煤灰砖砌体中的砌筑砂浆强度	当水平灰缝的砂浆饱满度低于 65％时，不宜选用
7	筒压法《砌体工程现场检测技术标准》GB/T 50315—2011《非烧结砖砌体现场检测技术规程》JGJ/T 371—2016		1. 属取样检测；2. 仅需一般混凝土试验室的常用设备；3. 取样部位局部损伤；4. 样本量较大	检测烧结普通砖、烧结多孔砖、混凝土普通砖、混凝土多孔砖、普通小砌块、蒸压粉煤灰普通砖、蒸压粉煤灰多孔砖蒸压灰砂砖砌体中的砂浆强度	—
8	砂浆片剪切法《砌体工程现场检测技术标准》GB/T 50315—2011		1. 属取样检测2. 专用的砂浆测强仪及其标定仪，较为轻便；3. 测试工作较简便；4. 取样部位局部损伤	检测烧结普通砖和烧结多孔砖墙体中的砂浆强度	—
9	砂浆回弹法《砌体工程现场检测技术标准》GB/T 50315—2011《非烧结砖砌体现场检测技术规程》JGJ/T 371—2016		1. 属原位无损检测；2. 回弹仪有定型产品，性能较稳定，操作简便；3 检测部位的装修面层仅局部损伤	1. 检测烧结普通砖、烧结多孔砖、混凝土普通砖、混凝土多孔砖、蒸压粉煤灰普通砖砌体中的砂浆强度；2. 主要用于砂浆强度均质性检查	1. 不适用于砂浆强度小于 2MPa 的墙体；2. 水平灰缝表面粗糙且难以磨平时，不得采用；3. 应避免墙体预埋钢筋的灰缝位置
10	点荷法《砌体工程现场检测技术标准》GB/T 50315—2011《非烧结砖砌体现场检测技术规程》JGJ/T 371—2016		1. 属取样检测；2. 测试工作较简便；3. 取样部位局部损伤	检测烧结普通砖、烧结多孔砖、混凝土普通砖、混凝土多孔砖砌体中水泥砂浆强度和蒸压粉煤灰普通砖砌体中的水泥石灰混合砂浆强度	不适用于砂浆强度小于 2MPa 的墙体
11	砂浆片局压法《砌体工程现场检测技术标准》GB/T 50315—2011《非烧结砖砌体现场检测技术规程》JGJ/T 371—2016	砂浆抗压强度	1. 属取样检测；2. 局压仪有定型产品，性能较稳定，操作简便；3. 取样部位局部破损	检测烧结普通砖、烧结多孔砖、混凝土普通砖和混凝土多孔砖砌体中的砌筑砂浆强度	适用条件：水泥石灰砂浆强度：1～10MPa；水泥砂浆强度：1～20MPa（GB/T 50315—2011）水泥砂浆强度：1～15MPa（JGJ/T 371—2016）

序号	检测方法及标准名称	检测项目	特点	适用范围	限制条件
12	砖回弹法《砌体工程现场检测技术标准》GB/T 50315—2011	砖抗压强度	1. 属原位无损检测，测区选择不受限制；2. 回弹仪有定型产品，性能较稳定，操作简便；3. 检测部位的装修面层仅局部损伤	检测烧结普通砖和烧结多孔砖墙体中的砖强度	使用范围限于：6～30MPa
13	普通小砌块回弹法《非烧结砖砌体现场检测技术规程》JGJ/T 371—2016	普通小砌块抗压强度	1. 属原位无损检测，测区选择不受限制；2. 宜采用示值系统为指针直读式和数显式的混凝土回弹仪；3. 检测部位的装修面层仅局部损伤	检测普通小砌块墙体中的小砌块强度	普通小砌块强度范围为4～15MPa
14	贯入法《贯入法检测砌筑砂浆抗压强度技术规程》JGJ/T 136—2001	砂浆抗压强度	1. 属原位检测，直接在墙体上检测，检测结果综合反映了材料质量和施工质量；2. 直观性较强；3. 设备较轻便；4. 检测部位局部破损	适用于水泥砂浆、水泥混合砂浆	不适用于受高温、冻害、化学侵蚀、火灾等表面损伤的砌筑砂浆，以及冻结法施工的砂浆在强度回升期阶段的检测
15	钻芯法《钻芯法检测砌体抗剪强度及砌筑砂浆强度技术规程》JGJ/T 368—2015	砂浆抗压强度、抗剪强度	1. 属取样检测；2. 仅需一般混凝土试验室的常用设备；3. 取样部位局部损伤	1. 采用普通砌筑砂浆用材料、拌合用水，以中砂为细集料；2. 适用于检测240mm厚混凝土实心砖、混凝土多孔砖、烧结普通砖、烧结多孔砖、蒸压灰砂砖砌体中的砌筑砂浆抗压强度和砌体抗剪强度；3. 适用于检测蒸压粉煤灰砖砌体中的砌体抗剪强度	1. 龄期不少于28d；2. 砌体抗剪强度范围：0.08～0.80MPa；3. 砌筑砂浆抗压强度范围：1.0～10.0MPa

2. 砌体抗压和抗剪强度检测

砌体强度包括砌体抗压强度和砌体抗剪强度等，是综合反映结构性能并直接为设计所用的力学指标，影响因素较多，检测难度较大，方法较为复杂。

（1）切制抗压试件法（切割法）

切割法是我国现场检验砌体强度的传统方法，它是直接从墙体上切割出标准砌体抗压和抗剪试件，再运至试验室进行抗压和抗剪试验，然后按现行国家标准计算评定出砌体抗压强度 f_m、f_k、f 和抗剪强度 $f_{v,m}$、$f_{v,k}$、f_v。从理论上讲，这种方法最为直观，与我国《砌体结构设计规范》GB 50003 和《砌体基本力学性能试验方法标准》GB/T 50129 的标准试验方法一致，结果准确可靠，可作为其他方法的校准。

切割法在国外应用较为普遍，美国材料试验学会（ASTM）已将其作为现场检验砌体强度的主要方法。但是，切割法早期在我国应用是不成功的，原因是我国当时切割技术较为落后，主要采用手锯切割，加之缺乏配套的搬运方法，对砌体试件扰动较大，尤其是砂浆强度等级较低（<M1.0）的砌体，导致试验结果离散性较大。近年来，由于有了较为先进的切割机具，切割法已成为国家鉴定处理重大砌体工程质量事故的重要方法。必须强调的是，切割法从墙体上切出的标准砌体试件，其规格原则上宜与设计规范 GB 50003 和GB/T 50129 标准方法一致，即标准黏土砖砌体抗压试件为 240mm×370mm×720mm，抗剪试件为 179mm×240mm×370mm，切割以砌体灰缝为准，如图 3.2-17～图 3.2-21 所示。

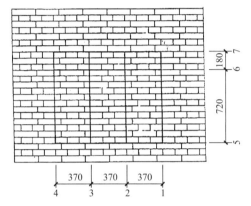

图 3.2-17　切割法进刀取样示意图

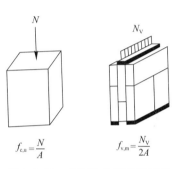

$$f_{c,u} = \frac{N}{A} \qquad f_{v,m} = \frac{N_v}{2A}$$

图 3.2-18　砖砌体抗压抗剪试件

图 3.2-19　砖砌体抗压抗剪试件现场取样

图 3.2-20　砖砌体抗压试件

（2）原位单剪法

原位剪切法全称原位砌体通缝单剪法，如图 3.2-22～图 3.2-24 所示，是直接在墙体上测试砌体通缝抗剪强度 $f_{v,m}$。该法测试原理与《砌体基本力学性能试验方法标准》GB 50129中的标准方法相同，且由于人为因素影响最小，无需搬运，扰动很小，结果较为准确可靠，可作为其他方法的校准，曾是国家建筑工程质量监督检验中心鉴定处理重大砌体工程质量事故的协定方法。原位剪切法测试部位一般

图 3.2-21　砖砌体抗剪试件

选在窗洞口或其他洞口下 2～3 皮砖范围内，剪切面长度为 370～490mm，切口应与竖缝对齐。

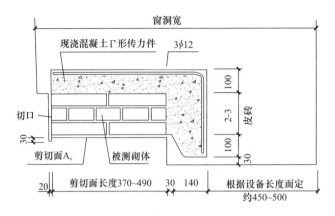

图 3.2-22 原位剪切法试件大样

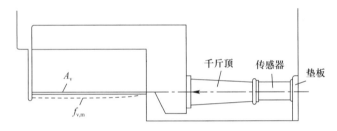

图 3.2-23 原位剪切法测试装置

图 3.2-24 原位剪切法测试

（3）扁顶法

扁顶法是用特制的超薄型（厚度仅 5mm）液压千斤顶，按图 3.2-25 和图 3.2-26 所示安放在墙体水平灰缝槽口内，对墙体施压，根据开槽时应力释放、加压时应力恢复的变形协调条件，可直接测得墙体受压工作应力 σ_0，并通过开两条槽放两部千斤顶，测定槽口间砌体压缩变形（σ-ε）和破坏强度 σ_u，可求得砌体弹性模量 E 和标准砌体抗压强度 f_m。

扁顶法直观可靠，可同时测定 σ_0、E 及 f_m 三项指标，但 f_m 系经验公式推定值，边界约束条件影响较大，设备较为复杂，且压力和行程较小，对墙体有较大范围的破坏。目前，我国扁顶有 250mm×250mm×5mm 和 250mm×380mm×5mm 两种规格，采用 1Cr18N$_i$9T$_i$ 优贯合金钢薄板制成。

（4）原位轴压法

原位轴压法主要测定砌体轴心抗压强度 f_m，是在墙体中部沿高度方向开两条水平槽口，上下槽口相隔 7 皮砖，上槽口放置反力板，下槽口放置扁顶，如图 3.2-27 和图 3.2-28 所示。对槽间砌体施压，测定槽间砌体极限抗压强度 σ_u，推算标准砌体抗压强度 f_m。原位轴压法直观、准确、可靠，但设备较重。所开槽口比扁顶法大，上槽口尺寸（长×厚×高）为

250mm×240mm×70mm；下槽口尺寸，450 型压力机为 250mm×240mm×70mm，600 型压力机为 250mm×240mm×140mm。

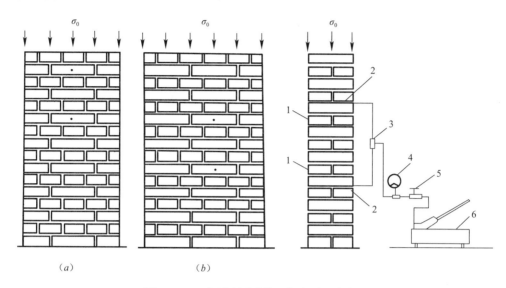

图 3.2-25　扁顶法测试装置与变形测点布置

图 3.2-26　扁顶法测试砌体弹性模量

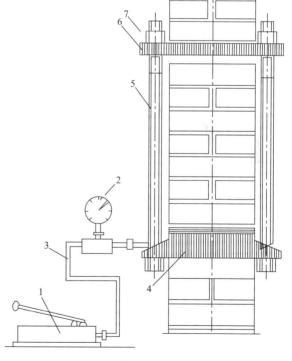

图 3.2-27　原位压力机测试工作状态

（5）钻芯法标准

钻芯法是从气体中钻取芯样并经加工处理后，沿芯样通缝截面进行抗剪强度试验，用以推定砌体抗剪强度和砌筑砂浆抗压强度的方法。

图 3.2-28　原位轴压法现场测试

钻取的芯样应包括三层块体和两条水平灰缝，其中外层块体形状尺寸宜对称。当块体的外形尺寸为 240mm×115mm×53mm 时，芯样直径应为 150mm（图 3.2-29）；当块体的外形尺寸为 240mm×115mm×90mm 时，芯样直径应为 190mm（图 3.2-30）

芯样钻取后留下的孔洞应及时进行修补，并满足原有墙体承载能力、使用功能等的要求。而芯样为了适用于试验应处于自然干燥状态，按图 3.2-31 进行抗压试验，按图 3.2-32 进行抗剪强度试验。根据芯样破坏压力 N（N）计算砌体抗压强度 f_m（MPa），根据芯样破坏剪力 V（N）计算砌体通缝抗剪强度 $f_{v,m}$（MPa）。

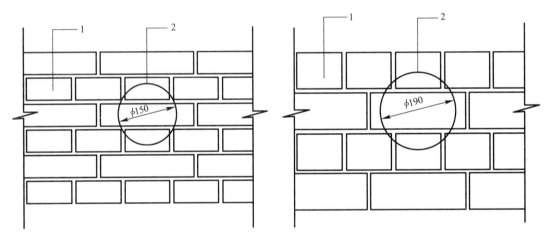

图 3.2-29　块体高度为 53mm 的砌体芯样位置图示　　图 3.2-30　块体高度为 90mm 的砌体芯样位置图示
　　　　　　1—块体；2—钻去芯样位置　　　　　　　　　　　　　　1—块体；2—钻去芯样位置

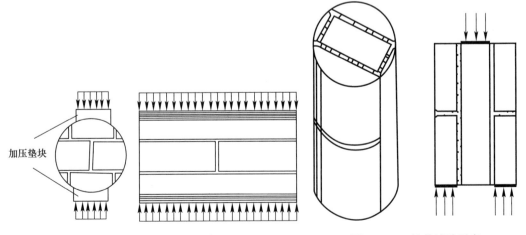

图 3.2-31　抗压试验示意　　　　　　　图 3.2-32　抗剪试验示意

3. 砂浆强度检测

（1）回弹法

自 20 世纪 60 年代以来，我国已开始应用回弹法测定砌体砂浆强度。该法主要测试的是回弹值 R 及砂浆碳化深度 L（mm），计算砂浆抗压强度 f_2，回弹法测定砌体砂浆强度具有简便、快速、无损优点，可用于大面积普及（图 3.2-33）。但由于影响因素较多，误差较大，对于重要工程，需用其他精确方法校准。

图 3.2-33　砂浆回弹试验

（2）筒压法

筒压法原理是将冲击动能改为静压力，将砂浆颗粒放入特制的承压筒（图 3.2-34～图 3.2-36）中，在额定压力下，用砂浆颗粒的压碎程度——筒压值 T 来判定砂浆强度的方法。

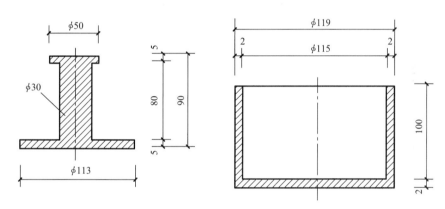

图 3.2-34　承压筒构造

图 3.2-35　承压筒

图 3.2-36　称筛余量

（3）推出法（单砖单剪法）

推出法又称单砖单剪法，是垂直于墙面顶推或拉拔 24 墙的丁砖（图 3.2-37），求得砖与砂浆的粘结抗剪力 V 或抗剪强度 $f_{2v}=V/A$，再反推砂浆的抗压强度 f_2。试验方法是，先凿锯开被测丁砖上面及侧面三个面的灰缝，留出下面一个大面灰缝，然后用特制小型千斤顶测试砖与底面灰缝砂浆的粘结抗剪力。

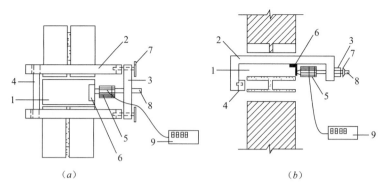

图 3.2-37 单剪法测试装置示意

1—被测丁砖；2—支架；3—前梁；4—后梁；5—传感器；6—垫片；

7—调平螺丝；8—传力螺杆；9—推出力峰值测定仪

（4）原位双剪法

原位双剪法是将被测顺砖前端面灰缝切凿开，以便施力时能自由切变，将后端面相邻的一块砖掏出，以放置剪切仪（小千斤顶），保留上下两个大面灰缝及侧条面灰缝，用剪切仪对被测砖施以水平剪力（图 3.2-38 和图 3.2-39），求得破坏剪力 v，然后计算砌体通缝抗剪强度 f_2。

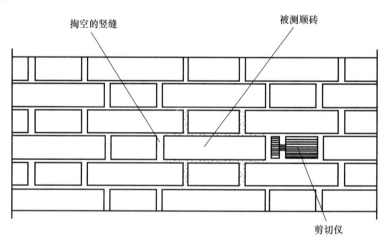

图 3.2-38 顺砖剪切

图 3.2-39 顺砖剪切现场试验

（5）贯入法

贯入法是在规定冲击动能下，根据钢钉（针）射入砌体水平灰缝深度 $L(mm)$ 确定砂浆强度 $f_2(MPa)$ 的方法（图 3.2-40 和图 3.2-41）。射钉器以弹簧为动力。

（6）砂浆片剪切法

砂浆片剪切法是从砌体水平灰缝中取出砂浆片，经加工，使用专用的砂浆测强仪进行砂浆片抗剪试验（图 3.2-42 和图 3.2-43），

根据其破坏剪力 V，计算砌筑砂浆抗压强度 f_2（MPa）。

图 3.2-40　砂浆贯入仪

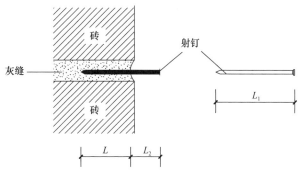

图 3.2-41　贯入法示意

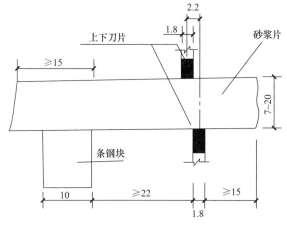

图 3.2-42　砂浆剪切仪工作原理

图 3.2-43　砂浆剪切仪

（7）点荷法

点荷法是取样测试砂浆强度的方法，是从砌体水平灰缝中取出砂浆片，直径约 $30\sim$ $50mm$，大面应平整，然后装入一对锥形压头（图 3.2-44 和图 3.2-45）中施压至破坏，根据其破坏荷载 N 及作用半径 r，计算砂浆抗压强度 f_2（MPa）。

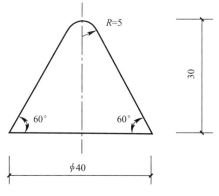

图 3.2-44　加荷头端部尺寸示意

图 3.2-45　点荷试验

4. 砖或砌块强度检测

砌体结构根据块材的不同又分为砖砌体、砌块砌体和石砌体。砌体结构中的块体基本上都是由建材厂批量生产，其质量由生产过程中的质量控制予以保证，现场检测方法不多。

（1）砖和砌块取样法

直接从砌体中取出若干块外观质量合格的整砖或砌块，按我国现行材料试验标准进行强度试验与评定。

（2）砖回弹法

回弹法原位测定砌体中砖强度，采用的是砖回弹仪（图3.2-46）。回弹法检测砌体中砖的抗压强度宜配合取样检验的验证。

（3）普通小砌块回弹法

回弹法原位测定砌体中普通小砌块强度，采用的是普通混凝土回弹仪（图3.2-47）。回弹法检测普通小砌块的抗压强度宜配合取样检验的验证。

图3.2-46 砖回弹现场试验　　　　图3.2-47 普通小砌块回弹现场试验

3.2.4 钢结构材料强度及性能

通过设计资料确定钢材的强度，没有图纸资料时检验钢材的力学性能和化学成分；现场检测需要时，可在构件上截取试样，取样时应选择对构件安全无影响的部位，取得的试样由具备资格的试验室进行试验。

钢材力学性能检验试件的取样数量、取样方法、试验方法和评定标准应符合表3.2-4的规定。

材料力学性能检验项目和方法

表3.2-4

检验项目	取样数量（个/批）	取样方法	试验方法	评定标准
屈服点、抗拉强度、伸长率	1	《钢及钢产品 力学性能试验取样位置及试样制备》GB/T 2975	《金属拉伸试验试样》GB/T 6397；《金属材料 室温拉伸试验方法》GB/T 228	《碳素结构钢》GB/T 700；《低合金高强度结构钢》GB/T 1591；其他钢材产品标准
冷弯	1		《金属材料 弯曲试验方法》GB/T 232	
冲击功	3		《金属材料 夏比摆锤冲击试验方法》GB/T 229	

对于型钢（工字钢、槽钢、角钢、T 形钢等）和厚度 $a \leqslant 25mm$ 的钢板、扁钢（宽 $10 \sim 150mm$ 的成品钢材），一般采用保留钢材表面层的板状试样，如图 3.2-48 所示，其中试样厚度 a_0 取原钢材厚度，标距 L_0 取 $11.3a_0$ 或 $5.65a_0$，试样宽度 b_0 取 30mm（$a_0 > 3mm$）或 20mm（$a_0 \leqslant 3mm$）；如果试验机的技术条件不能满足要求，也可采用保留一个表面层的板状试样。

对于厚度大于 25mm 的钢板和扁钢，应根据钢材厚度将其加工成圆形试样，如图 3.2-49 所示，试样中心线尽可能接近钢材表面，即在头部应保留不大显著的氧化皮。

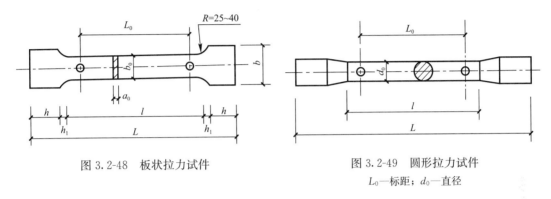

图 3.2-48　板状拉力试件　　　　　　图 3.2-49　圆形拉力试件

L_0—标距；d_0—直径

冷弯试验是将试样置于试验机上，用冷弯冲头加压，直至试样弯曲成 $180°$。如果试样弯曲处的里面、外面和侧面未出现裂纹、裂断或分层现象，则认为试样的冷弯性能合格。如图 3.2-50 所示。

冲击试验是将带有缺口的试样置于试验机上，以摆锤进行冲击，如图 3.2-51 所示，测定试样断裂时所吸收的功，可很好地反映钢材在冲击荷载作用下抵抗脆性断裂的能力。

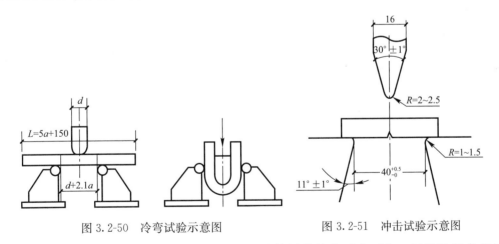

图 3.2-50　冷弯试验示意图　　　　　　图 3.2-51　冲击试验示意图

如果因现场条件限制而无法取样，或对测试结果的精度要求不高，仅需取得参考性的数据，则可利用表面硬度法近似推断钢材的强度。

表面硬度法利用钢材强度与其硬度之间的内在联系，通过测试钢材表面硬度来间接推断钢材的强度，它不会对构件造成损伤，适用于现场测试。测试前应清除待测钢材表面的油漆、污物等，露出光洁的母体材料，用锤击式布氏硬度计锤击钢材表面，用读数显微镜读取测点上凹痕的直径，再在标准板上进行锤击，读取凹痕直径，通过对比可确定测点的布氏硬度，推断钢材的抗拉强度。

钢材化学成分的分析，可根据需要进行全成分分析或主要成分分析。钢材化学成分的分析每批钢材可取一个试样，取样和试验应分别按《钢的成品化学成分允许偏差》GB/T 222 和《钢铁及合金化学分析方法》GB/T 223 执行，并应按相应产品标准进行评定。主要化学成分检查碳、锰、硅、硫、磷的含量，必要时应检验氧、氮等元素的含量。

钢材化学成分分析时，碳素结构钢和低合金结构钢的化学成分应符合国家标准《碳素结构钢》GB 700 和《低合金高强度结构钢》GB 1591 的规定，化学分析应遵守国家标准《钢铁及合金化学分析方法》GB 223 和《钢的成品化学成分允许偏差》GB 222 的规定，同批、同牌号钢材的取样数量为 1 个。

3.2.5 木结构材料强度

近年来因其环保、可再生、低能耗、节能、舒适、施工方便等优点，复合木结构在我国得到快速发展。既有建筑和文物建筑也有很多木结构。但目前国内对木材强度检测方法、检测设备和评定方法的研究与标准规范相对滞后，一般情况下检测木结构时，为确定木材强度，通常在现场截取木材样品（图 3.2-52），制作试验试件（图 3.2-53），按照《木材抗弯强度试验方法》GB/T 1936.1—2009 有关规定测试木材弦向抗弯强度（图 3.2-54）。

依据《木结构设计规范》GB 50005 附录 C 中木材强度检验标准评定屋架木材强度等级，对于承重结构用材，强度等级为 TC13 的木材检验结果的抗弯强度最低值不得低于 $51N/mm^2$。

图 3.2-52　截取的木材

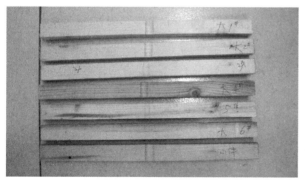

图 3.2-53　加工后的木材试件

图 3.2-54　木材弦向抗弯强度测试

3.3　外观质量及有害物质含量检测

3.3.1　外观质量及裂缝

1. 混凝土外观质量

混凝土构件制作时模板支撑是必不可少的工具，混凝土是多种原材料经过搅拌、浇筑、养护过程，待混凝土达到一定的强度时，拆除模板和支撑，混凝土才开始受力，中间还有支模、钢筋就位、绑扎等工序。

混凝土构件外观缺陷检测方法比较简单，主要靠观察和人为的经验判断，采用目测、尺量方法检测。外观质量缺陷包括蜂窝、麻面、孔洞、夹渣、露筋、裂缝、疏松区和不同时间浇筑的混凝土结合面质量差等，混凝土内部缺陷或浇筑不密实区域的检测，可采用超声法、冲击反射法等非破损方法，必要时可采用钻芯等局部破损方法对非破损的检测结果进行验证。非金属超声仪如图 3.3-1 所示，有两个探头，一个发射超声波，另一个接收超声波，采用超声方法检测混凝土不密实区和空洞时，要求被测构件有相互平行的测试面，测试范围应大于有怀疑的区域，在两个测试面画出同样的等间距网格，可对测也可交叉斜测，并与正常部位进行对比，对比区测点数应大于 20 个，记录每一个测点的声时、波幅、主频及测距，计算其平均值、标准差等，数据异常的部位即混凝土缺陷位置。

图 3.3-1　非金属超声仪

2. 混凝土结构和砌体结构裂缝

裂缝的检测目的是为了推断建筑物开裂的原因、判断有无必要进行修补与加固补强。

混凝土结构和砌体结构易出现裂缝，宽度 0.05mm 以上的裂缝是人眼可见的。裂缝检测是裂缝原因分析和危害性评定必不可少的最基本调查。结构或构件裂缝的检测，应包括裂缝的位置、形式、走向、长度、宽度、深度、数量、裂缝发生及开展的时间过程、裂缝是否稳定，裂缝内有无盐析、锈水等渗出物，裂缝表面的干湿度，裂缝周围材料的风化剥离情况，开裂的时间、开裂的过程等。裂缝的记录一般采用结构或构件的裂缝展开图和照片、录像等形式。

裂缝的位置、数量、走向可用目测观察，然后记录下来，绘制裂缝展开图，将检测结果详细记录到裂缝展开图上，也可用照片、视频等记录。裂缝的宽度、长度、裂缝的稳定性等观察则需要用专门的检测仪器和设备，检测裂缝长度的仪器比较简单，用裂缝测宽仪及直尺、钢卷尺等长度测量工具即可（图 3.3-2）。

裂缝深度可采用裂缝深度检测仪检测，也可以用超声法检测或局部凿开检查，必要时可钻取芯样予以验证。超声法检测采用非金属超声仪检测，裂缝中不能有积水，当构件只有一个可测面且裂缝深度小于 500mm 时（如楼板、抗震墙等），应用单面平测法如图 3.3-3 所示，在裂缝的两侧以不同的测距，测试超声波传递的时间，距离与时间之比得到声速，同时观察首波相位的变化，与附近非开裂部位的声速经过公式计算得出裂缝深度；当构件有两个相互平行的可测面时（如梁、柱），可采用双面穿透斜测法，根据波幅、声时、主频的突变，判断裂缝深度；大体积混凝土且裂缝深度大于 500mm 时，可采用在裂缝两侧钻孔法用超声仪检测，根据波幅得到裂缝深度。超声仪检测裂缝深度影响因素较多，测试精度不高，必要时浅裂缝可局部剥凿检查深度，深裂缝可采用取芯样验证，从芯样的侧面可量测裂缝深度，也可先在裂缝处灌入有颜色的墨水再骑缝钻芯，量测混凝土芯样墨水的位置即裂缝深度。

图 3.3-2　裂缝长度检测　　　　　图 3.3-3　裂缝深度超声法检测

检测裂缝宽度的仪器有裂缝对比卡（图 3.3-4）、刻度放大镜（放大倍数 10～20）、裂缝塞尺、百分表、千分表、手持式引伸仪、弓形引伸仪、接触式引伸仪等。裂缝宽度较小时，采用裂缝刻度放大镜（图 3.3-5）、裂缝对比卡；裂缝宽度较大时，可采用塞尺、裂缝测宽仪（图 3.3-6）等。裂缝的宽度测量应注意同一条裂缝上其宽度是不均匀的，检测目标是找出最大裂缝宽度。所谓裂缝最大宽度通常是指裂缝较宽区段内宽度的平均值，一般是指该裂缝长度的 10％～15％ 范围内的平均宽度，同样，裂缝最小宽度是指裂缝长度的 10％～15％ 较窄区段内的平均宽度。

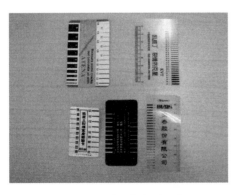 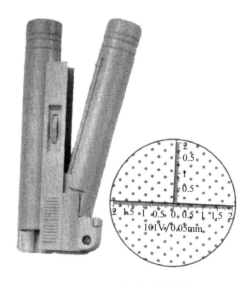

图 3.3-4　裂缝宽度对比卡　　　　　图 3.3-5　裂缝宽度放大镜

裂缝的性质可分为稳定裂缝和活动裂缝两种。活动裂缝亦为发展的裂缝,对于仍在发展的裂缝应进行定期观测,在构件上做出标记,用裂缝宽度观测仪器如接触式引申仪、振弦式应变仪等记录其变化,或骑缝贴石膏饼,观测裂缝发展变化。常用的也是最简单的方法是在裂缝处贴石膏饼,用厚 10mm 左右、宽约 50~80mm 的石膏饼牢固地粘贴在裂缝处,因为石膏抗拉强度极低,裂缝的微小活动就会使石膏随之开裂。另一种方法是在裂缝两侧粘贴几对

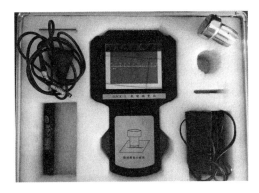

图 3.3-6 裂缝宽度仪

手持式应变仪的头子,或用接触式引伸仪、弓形引伸仪测量,也可以粘贴百分表、千分表的支座,用百分表、千分表测量,测量时注意,在裂缝位置标出裂缝在不同时间的最大宽度、长度,长度变化通过在裂缝的端头按时间定期做记号观察。

3. 钢结构外观质量检测

钢材和构件在切割、矫正、成型、边缘加工、组装等过程中往往会产生一定的缺陷,包括焊接连接和螺栓连接的缺陷,这里首先说明钢材表面、边缘和顶紧面的缺陷。外观检查一般用目测;裂纹的检查应辅以 5 倍放大镜并在合适的光照条件下进行,必要时可采用磁粉探伤或渗透探伤。

(1) 钢材表面的麻点、划痕等缺陷。如果钢材表面存在麻点、划痕等缺陷,其深度不应大于该钢材厚度负允许偏差值的 1/2。

(2) 钢材边缘的裂纹、夹渣、缺棱(大于 1mm)、分层等缺陷。这些缺陷可通过观察或用放大镜、百分尺检查。对于有特殊要求的边缘,如吊车梁下翼缘板的边缘,必要时应采用渗透、磁粉或超声波无损探伤的方法进行检测。分层现象属于钢材本身的缺陷,在沸腾钢的中、厚板中较易出现。

(3) 顶紧面缺陷。钢构件中的柱脚加劲肋和焊接梁端部加劲肋常常采用刨平顶紧的连接方法,顶紧接触面应有 75% 以上的面积紧贴。检查时应用 0.3mm 的塞尺检查,其塞入面积应小于 25%,边缘间隙不应大于 0.8mm。

(4) 结构的损伤包括连接的损伤、构件材料的裂缝、局部的弯曲、腐蚀、碰撞和灾害损伤等。杆件的弯曲变形和板件凹凸等变形情况,可用观察和尺量的方法检测,测量出变形的程度;螺栓和铆钉的松动或断裂,可采用观察或锤击的方法检测。

4. 钢结构裂缝和缺陷检测

(1) 钢结构裂缝检查时可参照以下标准评定:

① 完好:无肉眼可见的因弯曲变形产生的缺陷。

② 微裂纹:开裂长度不大于 2mm、宽度不小于 0.2mm 的裂缝。

③ 裂纹:开裂长度大于 2mm 而不大于 5mm、宽度大于 0.2mm 而不大于 0.5mm 的裂缝。

④ 裂缝:开裂长度大于 5mm、宽度大于 0.5mm 的裂缝。

⑤ 裂断:沿宽度贯穿开裂的深度超过构件厚度的三分之一以上。

对钢结构裂缝,有磁粉探伤和渗透探伤两种方法进行检测。

图 3.3-7　磁粉探伤仪

（2）磁粉探伤

根据磁粉在试件表面所形成的磁痕检测钢材表面和近表面裂纹等缺陷的方法。对于深度很浅的内部裂纹也可探测出来，但只能判定缺陷的位置和表面的长度，不能判定缺陷和裂缝的深度。磁粉探伤仪如图 3.3-7 所示。

探伤时首先应对待探部位的表面及其周围 20mm 范围内用砂轮和砂纸进行打磨或喷砂处理，清除松动的氧化皮和焊渣、飞溅物、锈斑等异物。为检验探伤装置、磁粉、磁悬液的灵敏度和探伤操作的正确性，还需将专用的试片贴在被探工件表面上。试片是带有刻槽的纯铁薄片，相当于人工缺陷。采用交叉磁轮式旋转磁化法产生相互垂直的磁场，检测不同走向的缺陷，同时，还应选择磁化的电流值，使得试件表面有效磁场的磁通密度达到材料饱和磁通密度的 80%～90%。探伤时应连续行走进行磁化，磁轮跨越宽度应不小于被测工件厚度的 2 倍，磁极间距应不大于 200mm（交流电磁轮）或 150mm（直流电磁轮），行走速度一般不应超过 3m/min，磁化后，应在材料表面喷洒磁悬液，并立即进行观察，以免缺陷磁痕被破坏。

磁悬液是由磁粉和载液（煤油或水）配成的悬浮液体，其中磁粉为几微米至几十微米大小的铁粉，包括非荧光磁粉和荧光磁粉，荧光磁粉附着有荧光材料，在紫外线照射下具有明显反差，适用于检测微细缺陷，但必须在暗处用紫外线灯观察；非荧光磁粉可在自然光线下观察。

（3）渗透探伤

渗透剂检测材料表面裂纹的方法，是用砂轮和砂纸将检测部位的表面及其周围 20mm 范围内打磨光滑，不得有氧化皮、焊渣、飞溅、污垢等；用清洗剂将打磨表面清洗干净，干燥后喷涂渗透剂，渗透时间不应少于 10min；然后再用清洗剂将表面多余的渗透剂清除；最后喷涂显示剂，停留 10～30min 后，观察是否有裂纹显示。

5. 钢结构涂装

涂装质量包括油漆、稀释剂、固化剂及防腐、防火涂料的品种、质量及涂层厚度，涂装后不得有漏涂、脱皮和反锈。可观察检查和采用涂层测厚仪（图 3.3-8 和图 3.3-9）测量。

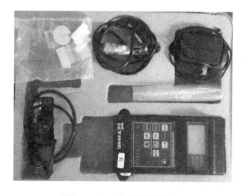

图 3.3-8　涂层测厚仪 1

图 3.3-9　涂层测厚仪 2

不同类型涂料的涂层厚度，应分别采用下列方法检测：

(1) 漆膜厚度，可用漆膜测厚仪检测；

(2) 对薄型防火涂料涂层厚度，可采用涂层厚度测量仪检测；

(3) 对厚型防火涂料涂层厚度，应采用测针和钢尺检测。

3.3.2　混凝土有害物质含量及钢筋锈蚀检测

混凝土的性能是指混凝土抵抗各种作用，满足施工操作要求和使用功能要求的能力。混凝土的性能可以分成力学性能、适用性能、耐久性能、施工操作性能和体积稳定性能五大类。其中，前三类性能主要针对硬化的混凝土，施工操作性能主要针对混凝土拌合物，体积稳定性包括硬化混凝土和混凝土拌合物。

混凝土的力学性能是指混凝土抵抗荷载作用的能力，如强度、硬度、弹性模量、泊松比和极限应变等；混凝土的适用性能是指混凝土满足结构使用要求的能力，如热工性能、声学性能、耐火性能和电学性能等；混凝土的耐久性能是指混凝土抵抗环境作用的能力，如渗透性能、抗冻融性能、抗磨性能、抗化学物质侵蚀性能和保护钢筋的能力等；混凝土的施工操作性能又称为工作性能，是保证施工可操作性的能力，如和易性、坍落度、扩展度、可泵性、离析性、泌水性和凝结速度等；混凝土的体积稳定性包括热膨胀系数，收缩量和徐变能力以及水泥和骨料的安定性。

混凝土的有些性能有定量的衡量指标，有些有定性的指标，有些只是概念没有衡量的指标。下面介绍已硬化混凝土一些性能检测评定。

1. 混凝土冻融

目前普遍使用的混凝土抗冻性主要指混凝土抵抗冻融（循环）作用的能力，所谓冻融循环作用是指在环境温度作用下含水率≥91%的硬化混凝土孔隙水结冰产生体积膨胀（约9%），温度升高后冰融化时还会产生膨胀作用，在这种作用下混凝土会产生损伤。

确定混凝土抗冻融作用能力的方法有慢冻法和快冻法，并以 N 次冻融循环后混凝土强度和重量损失率或动弹模下降作为评价标准，以同时满足强度损失率不超过 25% 和重量损失率不超过 5%，或动弹模下降至初始值的 60% 来衡量。

混凝土抵抗冻融作用的能力用混凝土的抗冻等级衡量，《水工混凝土结构设计规范》将混凝土的抗冻等级分成 F400、F300、F200、F150、F100 和 F50 六个等级，并规定混凝土的抗冻等级用快冻方法确定。

现场检测时可从结构上取样，通过冻伤和未冻伤的混凝土强度和重量损失比较，以及吸水量、湿度变化等试验来判断。

2. 氯离子含量检测方法

氯离子（Cl^-）是导致混凝土中钢筋锈蚀的另一个主要影响因素。游离在混凝土中的氯离子吸附于钢筋局部钝化膜上，使该部位的 pH 值迅速降低到 4 以下，钝化膜遭到破坏露出铁基体，与尚完好的钝化膜区域之间通过混凝土中的水电解质构成电位差。铁基体作为阳极受腐蚀，大面积的钝化膜区作为阴极，阳极的铁基体失去电子生成铁离子 Fe^{2+}，Fe^{2+} 与 Cl^- 相遇又生成 $FeCl_2$，从而加速阳极过程，该过程称为阳极去极化作用。$FeCl_2$ 是可溶的，在混凝土中扩散时遇到 OH^- 立即生成 $Fe(OH)_2$ 沉淀物，并进一步氧化成氧化铁（铁锈），可见，Cl^- 只起到迁移作用而本身未被消耗，故氯离子的存在对钢筋锈蚀起中间过程的催化作用。因而，混凝土中的氯离子含量是影响混凝土结构耐久性的一个重要因素。

氯离子进入混凝土内部有两种途经，一是混凝土本身浇筑时就有的，如原材料中含有氯离子，海水搅拌混凝土或使用海砂，或冬期施工时防冻剂含有较多的氯离子；另一种是混凝土结构周围环境中或装饰层氯离子浓度较高，如海边大气中氯离子含量较高，工业厂房内有气态或液态侵蚀性介质，渗透到建筑物、构筑物的混凝土内，到达钢筋开始腐蚀。

已有结构混凝土中氯离子含量检测，可采用在现场混凝土构件受力较小的部位钻芯取样，在实验室将混凝土芯样破碎，剔除石子，用磁铁吸出试样中的金属铁屑，将试样缩分至 50g，研磨至全部通过 0.08mm 的筛；置于 105～110℃烘箱中烘干 2h，取出后放入干燥器中冷却至室温备用。称取 1.7g 硝酸银，用不含 Cl^- 的蒸馏水溶解后稀释至 1L，混匀，配制成浓度为 0.01mol/L 的硝酸银标准溶液。称取 20g 试样（精确至 0.01g），置于磨口三角瓶中，加入 300mL 蒸馏水剧烈振荡 3～4min，浸泡 24h 或在 90℃的水浴锅中浸泡 3h，然后用定性滤纸过滤得到试样溶液。用移液管分别取 50mL 试样溶液置于三个 250mL 锥形瓶中，并将提取试样溶液的 pH 值调整到 7～8。调整 pH 值时用硝酸溶液调整酸度，用碳酸氢钠或氢氧化钠调整碱度。在试样溶液中加入浓度为 50g/L 的铬酸钾指示剂 10～12 滴，制成标准试样溶液。用硝酸银标准溶液滴定，边滴边摇，直至标准试样溶液呈现不消失的淡橙色为终点，Cl^- 含量的测试结果以三次试验的平均值表示，计算精确至 0.001%，得到含量占试样（砂浆）质量的百分比，根据混凝土配合比换算成占水泥质量的百分比。

3. 碱含量和骨料活性

混凝土碱含量是指混凝土中等当量氧化钠的含量，以 kg/m³ 计。混凝土原材料的碱含量是指原材料中等当量氧化钠的含量，以重量百分率计。等当量氧化钠含量是指氧化钠与 0.658 倍的氧化钾之和。

碱骨料反应包括碱-硅酸反应和碱-碳酸盐反应，碱-硅酸反应是指水泥中或其他来源的碱与骨料中活性二氧化硅发生化学反应，导致砂浆或混凝土产生异常膨胀，代号为 ASR；碱-碳酸盐反应是指水泥中或其他来源的碱与活性白云质骨料中白云石晶体发生化学反应，导致砂浆或混凝土产生异常膨胀，代号为 ACR。

碱-骨料反应是指骨料中的活性矿物成分与混凝土中的碱性细孔溶液之间的化学反应，导致混凝土内部局部发生体积膨胀，在混凝土表面产生裂纹，严重时会造成混凝土毁坏。

该化学反应过程实质是液态中的碱与固态活性骨料之间发生的一种复相反应。首先，骨料在孔溶液表面作用下形成硅醇基，接着羟基使硅醇基断开，生成的 $Si-O^-$ 因带有负电荷而从周围的溶液中吸附碱性离子（K^+、Na^+ 或 Ca^{2+}）来平衡静电，随着 OH^- 使更多的桥氧断开，活性硅质骨料逐渐溶解，在其周围出现因碱性离子不同而结构各异的钙-碱-硅产物。

碱含量的测试方法：在结构构件上钻取混凝土芯样，将混凝土芯样破碎，去除粗骨料，将剩余的砂浆磨细成粉末，再制成溶液后检测其中的 K^+、Na^+ 含量。

对碱-骨料反应有贡献的碱是 Na_2O 和 K_2O，常将 K_2O 折算成 Na_2O，按下式计算当量碱含量（Na_2O_e%）：

$$Na_2O_e\% = Na_2O\% + 0.658 \times K_2O\%$$

其测试结果为砂浆中的含碱量，还需按下式换算成每立方混凝土的含碱量：

$$W_{oh} = Na_2O_e\% \times W_m$$

其中 W_{oh} 为单方混凝土中含碱量（kg/m³）；W_m 为混凝土中砂浆重量（kg/m³）。

4. 混凝土碳化深度

碳化是结构混凝土性能劣化的形式之一，混凝土碳化的本身并不能构成结构或构件的损伤，只是混凝土碳化后使钢筋具备了锈蚀的条件，在有水有氧的环境下钢筋有可能发生锈蚀。

所谓混凝土的碳化主要是指空气中的二氧化碳（CO_2）等气体通过混凝土的空隙进入混凝土的内部，与混凝土中水泥水化产物氢氧化钙 $[Ca(OH)_2]$ 发生化学反应，生成碳酸钙（$CaCO_3$），使混凝土孔隙水的碱度（pH 值）降低。由于碳化使混凝土的碱性降低，故可采用酚酞试剂测试混凝土已碳化区和未碳化区的分界线。在未碳化的碱性区，遇到酚酞变红色，已碳化区遇酚酞则不变色，用卡尺或直尺量测变色位置的深度就是混凝土碳化深度。

混凝土的碳化使混凝土诸多性能受到影响。总的来看，碳化使混凝土的强度提高，表面硬度也有所提高，使其抗冻融能力、抗磨蚀能力和吸水率得到改善，但使得抗渗性能下降。特别是碳化混凝土保护钢筋的能力下降，使钢筋具备锈蚀的条件。

5. 混凝土抗渗性

抗渗性始终被认为是评价混凝土耐久性的重要指标。混凝土的硫酸盐腐蚀破坏、混凝土碱-骨料反应、混凝土内部钢筋锈蚀、混凝土的碳化反应等都与材料的渗透性有关。有防水要求的结构如果发生渗漏现象，需要现场钻取混凝土试件，经过处理成为抗渗标准试件。试件上口直径 175mm，下口直径 185mm，高 150mm，采用《普通混凝土长期性能和耐久性能试验方法标准》GB/T 50082—2009 进行抗渗试验方法。

6. 水泥安定性

游离氧化钙（f-CaO）是指以游离状态存在的氧化钙，f-CaO 遇水水化形成 Ca(OH)₂，但是不同形态的 f-CaO 水化速度是不同的，并且不同的外加剂可能影响 f-CaO 的水化速度。f-CaO 的水化速度不同，对混凝土则会产生不同的影响。

f-CaO 对混凝土质量影响的检测，首先检查混凝土外观有无开裂、疏松、崩溃等严重破坏症状，初步确定 f-CaO 对混凝土质量有影响的部位和范围。

在初步确定有 f-CaO 对混凝土质量有影响的部位上钻取混凝土芯样，芯样的直径可为 70～100mm，在同一部位钻取的芯样数量不应少于 2 个，同一批受检混凝土至少应取得上述混凝土芯样 3 组，在每个芯样上截取一个无外观缺陷的 10mm 厚的薄片试件，同时将芯样加工成高径比为 1.0 的芯样试件，将同一部位钻取的 2 个试件中的 1 个薄片和 1 个芯样试件放入沸煮箱的试架上，调整好沸煮箱内的水位，保证在整个沸煮过程中都超过试件，不需中途添补试验用水，同时又能保证在 30min±5min 内升至沸腾，恒沸 6h，关闭沸煮箱自然降至室温。

对沸煮过的薄片和芯样试件进行外观检查，并将沸煮过的芯样试件晾置 3 天，与未沸煮的芯样试件同时进行抗压强度测试。计算每组芯样试件强度变化的百分率 ξ_{cor}，并计算全部芯样试件抗压强度变换百分率的平均值 $\xi_{cor,m}$。

$$\xi_{cor} = (f_{cor} - f_{cor}^*)/f_{cor} \times 100 \qquad (3.3-1)$$

式中　ξ_{cor}——芯样试件强度变化的百分率；

　　　f_{cor}——未沸煮芯样试件抗压强度；

f_{cor}^*——同组沸煮芯样试件抗压强度。

当出现下列情况之一时，可判定 f-CaO 对混凝土质量有影响：

（1）有两个或两个以上沸煮试件（包括薄片试件和芯样试件）出现开裂、疏松或崩溃等现象；

（2）芯样试件强度变化百分率平均值 $\xi_{cor,m} > 30\%$；

（3）仅有一个薄片试件出现开裂、疏松或崩溃等现象，并有一个 $\xi_{cor} > 30\%$。

7. 钢筋锈蚀检测

混凝土结构中钢筋生锈需要有水和氧气作为必要条件，无论混凝土碳化后钢筋锈蚀还是氯离子侵蚀、碱-骨料反应等引起钢筋锈蚀，都是电化学反应。钢筋锈蚀后，钢筋截面积减小，锈蚀产物体积膨胀 2～4 倍，使钢筋与混凝土的粘结力降低，锈蚀产生的膨胀力还会引起混凝土顺筋裂缝，严重时保护层剥落、钢筋锈断。

（1）剔凿法

凿开混凝土保护层，用钢丝刷刷去浮锈，用游标卡尺测量钢筋剩余直径，主要量测钢筋截面有缺损部位的钢筋直径，以此计算钢筋截面损失率。

（2）取样法

取样可用合金钻头、手锯或电焊截取，样品的长度视测试项目而定，若需测试钢筋的力学性能，样品应符合钢材试验要求，仅测定钢筋锈蚀量的样品其长度可为直径的 3～5 倍。

将取回的样品端部锯平或磨平，用游标卡尺测量样品的实际长度，在氢氧化钠溶液中通电除锈。将除锈后的试样放在天平秤上称出残余质量，残余质量与该种钢筋公称质量之比即为钢筋的剩余截面率。当已知锈前钢筋质量时，则取锈前质量与称量质量之差来衡量钢筋的锈蚀率。

（3）电化学检测法

自然电位法是利用检测仪器的电化学原理来定性判断混凝土中钢筋锈蚀程度的一种方法。当混凝土中的钢筋锈蚀时，钢筋表面便有腐蚀电流，钢筋表面与混凝土表面间存在电位差，电位差的大小与钢筋锈蚀程度有关，运用电位测量装置，可大致判断钢筋锈蚀的范围及其严重程度。

钢筋锈蚀状况的电化学测定可采用极化电极原理的检测方法，测定钢筋锈蚀电流和测定混凝土的电阻率，也可采用半电池原理测定钢筋的电位。钢筋锈蚀检测仪如图 3.3-10～图 3.3-12 所示。

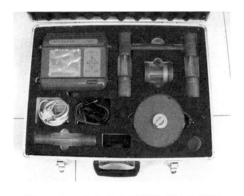
图 3.3-10 电位和电压钢筋锈蚀检测仪

图 3.3-11 半数字式钢筋锈蚀仪

电化学电位测定方法的测区及测点布置应根据构件的环境差异及外观检查的结果来确定测区。测区应能代表不同环境条件和不同的锈蚀外观表征，每种条件的测区数量不宜少于 3 个。测区面积不宜大于 5m×5m，并应按确定的位置编号。在测区上布置测试网格，网格节点为测点，网格间距可为 100～500mm 见方，常用的为 200mm×200mm、300mm×300mm 或 200mm×100mm 等，根据构件尺寸和仪器功能而定。测区中的测点数不宜少于 20 个，测点与构件边缘的距离应大于 50mm。

图 3.3-12　钢筋锈蚀检测仪

电化学测试结果的表达要按一定的比例绘出测区平面图，如图 3.3-13 所示，标出相应测点位置的钢筋锈蚀电位，得到数据阵列，绘出电位等值线图，通过数值相等各点或内插各等值点绘出等值线，等值线差值宜为 100mV。

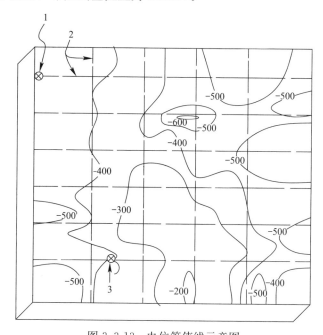

图 3.3-13　电位等值线示意图

1—钢筋锈蚀检测仪与钢筋连接点；2—钢筋；3—铜-硫酸铜半电池

钢筋锈蚀结果评定有下列三种方法：

1）半电池电位评价，见表 3.3-1。

2）钢筋锈蚀电流评价，见表 3.3-2。

3）混凝土电阻率与钢筋锈蚀状况判别，见表 3.3-3。

（4）综合分析判定方法

检测的参数可包括顺筋裂缝宽度、混凝土保护层厚度、混凝土强度、混凝土碳化深度、混凝土中有害物质含量、混凝土含水率，以及剔凿后露出钢筋的锈蚀层厚度，剩余钢筋直径等，综合判定钢筋的锈蚀状况。

半电池电位值评价钢筋锈蚀性状 表 3.3-1

电位水平（mV）	钢筋锈蚀性状
大于 -200	不发生锈蚀的概率>90%
-200～-350	锈蚀性状不确定
小于 -350	发生锈蚀的概率>90%

钢筋锈蚀电流与钢筋锈蚀速率和构件损伤年限判别 表 3.3-2

序号	锈蚀电流 I_{corr}（$\mu A/cm^2$）	锈蚀速率	保护层出现损伤年限
1	<0.2	钝化状态	—
2	0.2～0.5	低锈蚀速率	>15 年
3	0.5～1.0	中等锈蚀速率	10～15 年
4	1.0～10	高锈蚀速率	2～10 年
5	>10	极高锈蚀速率	不足 2 年

混凝土电阻率与钢筋锈蚀状态判别 表 3.3-3

序号	混凝土电阻率（kΩ·cm）	钢筋锈蚀状态判别
1	>100	钢筋不会锈蚀
2	50～100	低锈蚀速率
3	10～50	钢筋活化时，可出现中高锈蚀速率
4	<10	电阻率不是锈蚀的控制因素

3.4 建筑物变形检测技术

混凝土结构或构件变形的检测可分为水平构件的挠度检测、竖直构件的倾斜检测、建筑物整体倾斜与基础不均匀沉降检测。

3.4.1 建筑物倾斜检测

倾斜变形的检测内容包括倾斜的部位、倾斜方向和倾斜量的大小。检测时首先直观判断倾斜的方向和位置，确定观测点和基准点，用测量工具定点、定时观测。观测点一般在建筑物四个角部垂直方向设置上、下两点或上、中、下三点，观测时经纬仪或全站仪安装在与建筑物水平距离大于其高度的地方，以下观测点为基准，测量其他点的水平位移。在建筑物密集的地方，可采用垂直投点法，用激光经纬仪或铅垂经纬仪测量。为判断倾斜方向，观测应在两个互相垂直的方向进行。定期观测可掌握倾斜变形的速度，判断其是否稳定。

3.4.2 建筑物沉降检测

测量时基准点和基准线的选择非常重要，如果建筑物原有的基准点和基准线都在，可以其作为观测基准点；如果找不到原有的基准点，可以借用墙勒脚线、窗台线、檐口边线、女儿墙等这些施工时经拉线定位的水平线为参考点。混凝土结构的基础不均匀沉降，可用水准仪检测；当需要确定基础沉降的发展情况时，应在混凝土结构上布置测点进行观测，观测操作应遵守《建筑变形测量规范》JGJ 8 的规定；混凝土结构的基础累计沉降差，可参照首层的基准线推算。

建筑物沉降观测采用水准仪测定，其主要步骤有：

1. 水准点位置

水准基点可设置在基岩上，也可设置在压缩性低的土层上，但须在地基变形的影响范围之内。

2. 观测点的位置

建筑物上的沉降观测点应选择在能反映地基变形特征及结构特点的位置，测点数不宜少于 6 点。测点标志可用铆钉或圆钢锚固于墙、柱或墩台上，标志点的立尺部位应加工成半球或有明显的突出点。

3. 数据测读及整理

沉降观测的周期和观测时间，根据具体情况来定。建筑物施工阶段的观测，应随施工进度及时进行。一般建筑，可在基础完工后或地下室墙体砌完后开始观测。观测次数和时间间隔应视地基与加荷情况而定，民用建筑可每加高 1～5 层观测一次，工业建筑可按不同施工阶段（如回填基坑、安装柱子和屋架、砌筑墙体、设备安装等）分别进行观测，如建筑物均匀增高，应至少在增加荷载的 25％、50％、75％和 100％时各测一次。施工过程中如暂时停工，在停工时和重新开工时应各观测一次，停工期间，可每隔 2～3 个月观测一次。

建筑物使用阶段的观测次数，应视地基土类型和沉降速度大小而定。一般情况下，可在第一年观测 3～4 次，第二年观测 2～3 次，第三年后每年一次，直至稳定为止。砂土地基的观测期限一般不少于 2 年，膨胀土地基的观测期限一般不少于 3 年，黏土地基的观测期限一般不少于 5 年，软土地基的观测期限一般不少于 10 年。当建筑物基础附近地面荷载突然增减、基础四周大量积水、长时间连续降雨等情况，均应及时增加观测次数。当建筑物突然发生大量沉降、不均匀沉降或严重裂缝时，应立即进行逐日或几天一次的连续观测，观测时应随记气象资料。

测读数据就是用水准仪和水准尺测读出各观测点的高程。水准仪与水准尺的距离宜为 20～30m。水准仪与前、后视水准尺的距离要相等。观测应在成像清晰、稳定时进行，读完各观测点后，要回测后视点，两次同一后视点的读数差要求小于 ±1mm，记录观测结果，计算各测点的沉降量，沉降速度及不同测点之间的沉降差。沉降是否稳定由沉降与时间关系曲线判断，一般当沉降速度小于 0.1mm/月时，认为沉降已稳定。沉降差的计算可判断建筑物不均匀沉降的情况，如果建筑物存在不均匀沉降，为进一步测量，可调整或增加观测点，新的观测点应布置在建筑物的阳角和沉降最大处。

3.4.3　水平构件挠度检测

混凝土构件的挠度，可采用全站仪（图 3.4-1）、激光测距仪（图 3.4-2）、激光扫平仪、水准仪（图 3.4-3）或拉线等方法检测。

梁、板结构跨中变形测量的方法是在梁、板构件支座之间用仪器找出一个水平面或水平线，然后测量构件跨中部位、两端支座与水平线（或面）之间的距离，经数值简单计算分析即得到梁板构件的挠度。

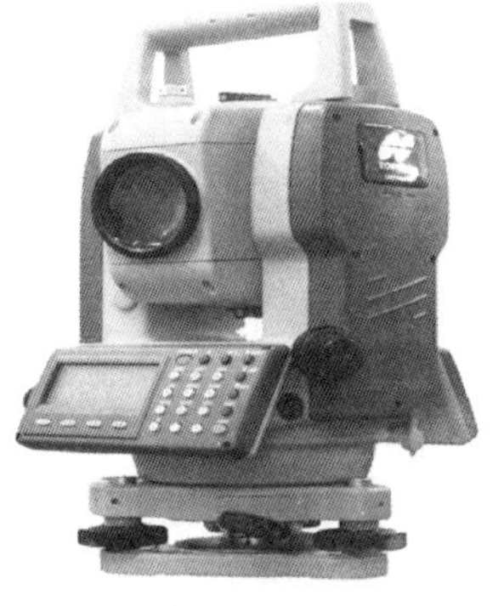

图 3.4-1　全站仪

图 3.4-2　激光测距仪　　　　　　　　图 3.4-3　水准仪

采用水准仪、全站仪等测量梁、板跨中变形，其数据较拉线的方法为精确。具体做法如下：

（1）将标杆分别垂直立于梁、板构件两端和跨中，通过仪器或拉线为基准测出同一水准高度时标杆上的读数。

（2）将测得的两端和跨中的读数相比较即可求得梁、板构件的跨中挠度值：

$$f = f_0 - \frac{f_1 + f_2}{2}$$

式中　f_0、f_1、f_2——分别为构件跨中和两端水准仪的读数。

用水准仪量标杆读数时，至少测读 3 次，并以 3 次读数的平均值作为跨中标杆读数。

网架的挠度值，采用水准仪和激光测距仪两种仪器相结合的方法共同测量。先用激光测距仪检测网架各个节点距地面的高度，然后用水准仪测量各个地面点的相对高度；以靠近混凝土支座下弦节点的标高值为基准平面计算出网架各个测点的相对高差值，即挠度值。依据有关标准的规定，网架结构的实测挠度值不得超过相应设计值的 15%。用这种方法测量挠度，检测人员均可在地面进行操作，测量结果也比较准确。

3.4.4　竖向构件倾斜检测

混凝土构件或结构的倾斜，可采用经纬仪（图 3.4-4）、激光定位仪、全站仪、三轴定位仪或吊锤的方法检测，倾斜检测时宜区分倾斜中施工偏差造成的倾斜、变形造成的倾斜、灾害造成的倾斜等。

检测墙、柱和整幢建筑物倾斜一般采用全站仪或经纬仪测定，其主要步骤有：

1. 仪器位置的确定

测量墙体、柱以及整幢建筑物的倾斜时，经纬仪位置如图 3.4-5 所示，其中要求经纬仪或全站仪至墙、柱及建筑物的间距，大于墙、柱及建筑物的宽度。

2. 数据测读

如图 3.4-5 所示，瞄准墙、柱以及建筑物顶部 M 点，向下投影得 N 点，然后量出水平距离 a；以 M 点为基准，采用经纬仪测出垂直角角度 α。

根据垂直角 α，计算测点高度 H。计算公式为：

$$H = l \cdot \tan\alpha$$

图 3.4-4　经纬仪　　　　　　　　　　图 3.4-5　倾斜测量

墙、柱或建筑物的倾斜度 i 为：

$$i = a/H$$

墙、柱或整幢建筑物的倾斜量 Δ 为：

$$\Delta = i(H + H')$$

根据以上测算结果，综合分析四角阳角的倾斜度及倾斜量，即可描述墙、柱或建筑物的倾斜情况。

3.5　截面尺寸和尺寸偏差检测

3.5.1　构件截面尺寸检测

1. 构件截面尺寸

既有结构构件截面尺寸检测，目的是为结构验算提供依据。对截面尺寸没有怀疑时，可采用设计值，需要核查时，一般规则的砌体结构、混凝土结构及木结构构件截面尺寸检测采用直尺、卷尺或卡尺等，量测构件的高或宽，一个构件取三个点的值计算平均值，或每个构件取一个点作为代表值。钢板厚度和型钢尺寸可采用游标卡尺、超声波金属厚度测试仪等测量，钢管直径采用外卡钳和直尺测量。

2. 楼板墙体厚度检测

一般建筑物楼板多采用钢筋混凝土，可以用混凝土测厚仪非破损测量现浇楼板、墙体的厚度，混凝土测厚仪（图 3.5-1）是基于电磁波运动学、动力学原理和现代电子技术设计而成，采用发射、接收两个探头，与冲击回波等单测面测试仪器相比，可能会给现场测试工作布置带来少许不便，但测定结果的可靠性和准确性较高。一般混凝土测厚仪测试厚度范围 50~350mm，测试精度≤±2mm。电源为内置可充电电池，一次充电可工作 8 小时，楼板不需任何处理，不需耦合剂。

3. 钢管壁厚检测

检测钢结构或网架结构杆件钢管壁厚时，可采用超声波测厚仪，仪器的测量精度为±0.1mm。测试前，应将杆件表面的灰尘、污物、锈蚀物及油漆等清除干净，并应涂上耦合剂进行测量，如图 3.5-2 所示。

图 3.5-1　混凝土测厚仪　　　　　　　图 3.5-2　超声波测厚仪

3.5.2　结构安装偏差和位移检测

构件类型不同，检验的内容也不尽一致。如高层结构的柱应检查底层柱基准点标高，同一层各柱柱顶高差、柱轴线对定位轴线偏移，上下连接处错位、单节点柱垂直厚度；可采用钢卷尺和水准仪进行检查。节点偏离等应测量其位移值；钢结构和钢网架结构需要测量杆件的长度，有弯曲时量测其矢高。

3.6　结构性能荷载检验

3.6.1　荷载检验目的及方法

现场荷载检验是检验结构和构件性能的有效方法之一，工程检测和鉴定中参照《混凝土结构试验方法标准》GB 50152—2012 的测试原则，当分析质量事故原因、施工质量验收有分歧，探索结构对于作用的反应以及测定实际结构的抗力时，也经常采用现场结构原位加载检测试验。现场试验一般为非破坏性检验，需要合理确定检验荷载。现场检验主要针对梁、板、屋架、网架等水平构件。

现场加载试验的特点是能反映实际结构抗力，加载量大，难以模拟理想状态，与计算模型存在差异，需要采取措施保证结构、测试设备、测试人员等安全。试验方式有模拟均布重物加载、控制内力的等效集中加载、折算间接加载等。试验目的有多重性，有使用状态下的挠度、裂缝值测量，承载力状态评定，是否达到设计指标和规范要求检验，以及让步验收检验等。

加荷设备及装置常用铁块、混凝土块、红砖、砂子、石子、水或千斤顶、卷扬机、捯链等。选取检验所施加的重力荷载值时，由于构件自重或结构的装修层等恒载已经全部存在，荷载检验所施加的重力荷载应等效于现行规范规定的活荷载设计值；当构件或结构局部的恒载已经部分存在，荷载检验所施加的重力荷载应等效于现行规范规定的活荷载设计值与未作用部分恒载设计值之和；现场结构加载试验，一般可加到超过设计荷载的 10% ～ 20%，但要小于极限荷载，否则易引起结构损坏。

加荷方式应与结构实际受力相符，应与试验目的和拟达的极限状态一致。试验荷载一般分级加卸（图 3.6-1，图 3.6-2），加载应至少分 5 级到荷载标准值，再分 2～5 级卸荷。开始加载的比例可为 20% 的荷载标准值，其后按 10% 递增，在临近开裂、荷载标准值、极限值及破坏值时减小为 5%。每级持续最少 10min，然后测量读数，对主要检验变形和裂缝宽度试验，每级持续约 30min，对大跨度屋架、桁架及薄腹梁荷载标准值下持续 ≥12h。

图 3.6-1　结构性能荷载检验　　　　　图 3.6-2　结构性能荷载检验——加荷

3.6.2　测试内容

1. 变形测量

结构位移测量一般采用千分表、百分表、位移传感器等，临近破坏时采用水准仪、经纬仪、拉线量测；应变量测采用杠杆应变、静态电阻应变仪、动态电阻应变仪；转角量测采用倾角仪；荷载-变形曲线采用 x-y 记录仪。

变形应在加载前、各级持续时间结束时量测。对于刚度试验，荷载标准值下 30min 持续时，宜分别在 5min、10min、15min、30min 时量测。对于 12h 时，宜分别在 10min、30min、1h、2h、6h、12h，分 6 次测读，以绘制变形-时间曲线。

2. 裂缝量测

裂缝的出现和开展应在加荷过程中进行观察，辅以放大镜发现，以刻度放大镜或裂缝卡量测宽度，即时将相应荷载、起讫点标注在裂缝旁。为获得准确的初裂荷载值，除加强观察外，可以在最大拉应力区布置连续的应变片监测，或根据荷载-挠度曲线突变点判定。

应绘制使用状态下的裂缝展开图和极限状态下的结构破坏特征图。裂缝展开图应包括各级荷载值，主要裂缝宽度、长度及裂缝间距。

3. 应变测量

结构构件会在荷载下产生应力和应变，应变可以通过测量仪器直接测量出来，应力则通过被测结构材料的 σ-ε 曲线计算获得。现在应变的测量方法有电阻应变仪测量法，手持应变仪测量法，单杠杆、双杠杆应变仪测量法，振弦式应变仪测量法等。通过测量获得结构在荷载作用下产生的应变，并绘制 σ-ε 曲线图，对结构构件进行评估。

第4章 既有建筑和老旧小区综合改造

4.1 加固改造延长老旧建筑的使用寿命，减少过早拆除

全国城市工作会议决定：加快城镇棚户区和危房改造，加快老旧小区改造，力争到2020年基本完成现有城镇棚户区、城中村和危房改造。做好全国城市旧房改造加固工作，是稳定社会的安居、宜居工程，是提高广大群众生活质量和切身利益的民生工程，也是2020年全面实现"小康"社会的重要标志性工程。

我国是世界上建设量最大的国家，同时也过早拆除了一些建筑物，引起国家领导重视和民众广泛热议，过度拆除重建会造成巨大的经济损失、资源浪费、环境污染以及不良的社会影响。

根据"十一五"期间城镇建筑的拆建比23%，如"十二五"期间，全国平均每年竣工的建设面积为20亿 m^2，则每年过早拆除的建筑面积将达到4.6亿 m^2。若这些被拆除的房屋重建费用按平均1000元/m^2 计算，"十二五"期间，我国每年因过早拆除房屋浪费了4600亿元。

实际上2014年和2015年我国房屋建筑每年竣工面积约40亿 m^2，消耗了全世界40%的水泥和钢材。我国每年钢材产量是20世纪70～80年代全世界钢产量的总和，3年水泥产量是美国100年水泥产量的总和。以2003年我国城镇共拆除1.61亿 m^2 的房屋为基准计算，按每平方米水泥200kg、钢材60kg 计算，浪费了3220万吨水泥和966万吨钢材，占我国竣工房屋所需钢材和水泥的8.9%，按每吨水泥300元、钢材4000元价格计算，耗费钢材和水泥的价值达483亿元，生产1吨水泥消耗145kg原煤，1吨钢材消耗741kg原煤，浪费了1183万吨原煤。建筑能耗占到中国全社会能耗总量的40%。

拆除建筑物还将产生大量建筑垃圾。据统计，新建工程每万平方米施工过程中，就会产生500～600吨建筑垃圾；拆除旧建筑每万平方米，将产生7000～12000吨建筑垃圾。我国每年产生的建筑垃圾有3亿多吨，建筑垃圾数量已占到城市垃圾总量的30%～40%。大量建筑垃圾，给中国乃至世界的环境造成了严重的影响。建筑垃圾很难二次利用，只能运输到郊区深埋或堆放，不但占用了土地而且造成了二次污染。

据统计，我国信访案件中，80%左右是源于拆迁人与被拆迁人之间的矛盾，构成社会的不稳定因素。

"大拆大建"破坏城市发展的文脉和城市历史文化的延续，损害民众利益和公众的知情权，助长了私搭乱建、违章建设、随意变更规划等违法行为。

对于老旧建筑，拆除不是唯一的解决办法，可以通过有效措施提高建筑物安全性和适用性，延长其使用寿命。加固改造能够使老旧房屋安全性能得到提升，改善使用功能和居住条件。主要措施包括抗震加固、结构补强、裂缝处理、地基基础加固、门窗更换、危险

阳台加固、地下或室内水电管线更换、外墙粉刷更新等。此外，还应包括增加电梯、屋顶平改坡、更换新水箱，残疾人出入通道等。对于有改造加固条件的旧房，应尽量不拆除旧房。就地改造加固有许多好处，通过改造加固能延长旧建筑使用寿命 20～30 年，改善民生，增加社会财富，保护环境。

做好危旧房屋改造加固工程困难很大、很复杂，要政府主导，统筹安排，合理布局，知难而进。做好这项得民心、稳定社会、长治久安的益民工程，能体现人民政府有作为的治理能力。

做好危旧房改建加固工程，虽然需要大量的经费支出，但处理好也会创造效益，取得一定的经济收入，且可带动相关行业的兴旺发达，推动国民经济新增长，国民经济 GDP 可增 2.5% 以上，是利国利民的大好事。

危旧房改建加固工程应积极纳入新科技成果，以及绿色、低碳、节能、环保的科技创新。

建筑物的使用寿命是建筑物建成后所有性能均能满足使用要求而不需进行大修的实际使用年限。这里所指的使用寿命，是建筑物主体结构的寿命，而不是建筑物中的门窗、维护结构、屋面防水、外墙饰面等建筑部件和水、暖、电等建筑设备系统的寿命。建筑部件和建筑设备的使用寿命较短，一般需要在建筑物的合理使用寿命内更新或大修。我国《建筑法》第 80 条中所说的"合理使用寿命"，或"建筑物的安全耐久使用年限"，指的也是建筑物的主体结构，即基础、梁、板、柱、墙等承重构件连接而成的建筑结构能够正常使用而不需大修的年限。我们常说的建筑物设计使用年限，则是设计建筑物时按合理使用寿命作为目标进行设计的使用年限，对于一般建筑物统一取 50 年，纪念性和特殊重要建筑物统一取 100 年。为了达到这个目标，设计时必须给予足够的保证率或安全裕度，所以按 50 年设计基准期的建筑物，就其总体来说，不需大修的实际使用寿命必然要比 50 年的设计使用年限大得多，平均来说应是设计基准期的 1.8 到 2 倍左右，即 90～100 年。实际工程调查表明，有的房屋寿命高达几百年，我国也有很多建筑物超过百年，如上海外滩的建筑，天津老洋房，北京也有大量上百年的房屋建筑，合理的维护维修和加固能够使建筑物增寿。

4.2　既有建筑综合改造

我国大量的多层住宅，如果采用综合改造的方式会带来很多益处，如多层住宅增设电梯，解决社区老龄化出行难问题；外墙外保温和门窗等节能改造，降低既有建筑能耗；抗震加固和维修，消除既有建筑安全隐患；小区增加停车场地，完善社区功能；小区绿化，外墙翻新，改善社区环境；增层，提高土地利用率；社会资金和保险机构投资老旧建筑综合改造，减少改造工程政府投资压力。

4.2.1　综合改造背景

我国大中城市现有建筑中约 50% 必须进行抗震、节能、适老、节水等综合性改造。其中，1990～2010 年建设的多层住宅超过 140 亿 m²，此部分建筑多为 5～6 层不带电梯的砖混结构，而由于老龄化问题的日益凸显，居住在这类建筑里的老年人的出行已经成为社会问题。同时，随着我国居民生活水平的持续提高和汽车的普及化，这些老旧小区停车难也成为社会问题。此外，该部分建筑与现行建筑节能要求差距大、电力设施落后、消防系统老旧、水箱陈旧导致二次污染时有发生。如图 4.2-1 所示。

社会老龄化　　　　　　　　　　居住安全差

需旧城改造　　　　　　　　　　需节能减排

图 4.2-1　老旧房屋存在的问题

由于此类建筑功能不能满足居民现代生活需求，增设电梯改造、结构加固改造、围护结构节能改造以及设备设施改造等提升建筑功能的改造已迫在眉睫（图 4.2-2）。然而，大中城市的老旧砖混房屋基本都在城市中心，是地产价格的高地，其面临的居住条件差、停车困难、环境差等问题，难以采用以往棚户区、危改小区的拆除重建方式解决。

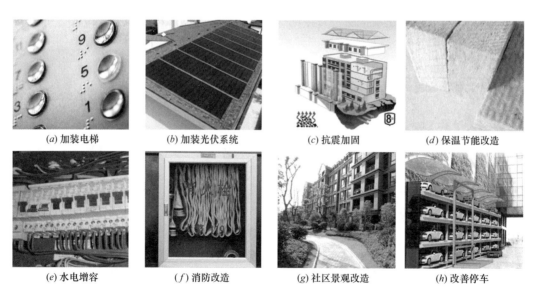

(a) 加装电梯　　　(b) 加装光伏系统　　　(c) 抗震加固　　　(d) 保温节能改造

(e) 水电增容　　　(f) 消防改造　　　(g) 社区景观改造　　　(h) 改善停车

图 4.2-2　老旧房屋和小区需要改造的项目

4.2.2　多层住宅综合改造模式

既有建筑的改造工程数量巨大，政府财政拨款无法满足经费需求；既有建筑改造无市场盈利点，无法吸引社会资本关注；既有砖混建筑居民自筹资金可行性低。如加装电梯改造工程，涉及问题多、投资大，原住户与政府难以承担改造的全部责任与费用。

针对上述问题，同时结合此类既有多层住宅的优越地理位置，创新提出了市场化解决途径，提出在既有六层住宅顶层加建一层并上市销售的办法，即"6＋1"改造模式。将既有多层房屋的屋顶以存量房的土地出让金出让，在屋顶上进行加层改造，将增加电梯、抗震加固、保温节能改造、水电改造等都纳入加层房屋的成本，通过加层房屋的销售，实现市场化。

"6＋1"改造模式对政府而言，可有效解决居民老龄化出行困难、既有建筑的安全隐患、项目集资与投资等一系列社会问题，并形成新的经济增长点；对原住户居民而言，在不增加生活成本的前提下，出行更加方便、居住条件得到改善、使用费用降低、结构安全性提高，房产价值大大升值；对开发商而言，该模式下的既有建筑改造获得新的市场，并获得盈利，无疑是一种投入与产出效益高的有效途径。

4.2.3　综合改造的技术

"6＋1"改造模式是既有建筑改造的可行模式，但该模式存在诸多困难。在政策层面需要规划、国土、房产、程序等方面相关支持，在技术层面需要适用的标准规范依据、完整的技术体系、施工工法、产业支持等。

1. 工程技术难点

主要有以下几个方面：

(1) 日照间距：原楼宇间距有限，加层可能影响日照间距规定。

(2) 加固设计施工：根据勘测、计算，可能要对既有住宅进行加固。

(3) 加层：需要规划支持，同时应研究简便施工工艺和适用的结构体系。

(4) 施工：原住户不搬迁的情况下施工，施工空间受限。

2. 解决方法

对上述工程技术难点进行研究分析，得出如下解决方法：

(1) 日照验算。根据建设地区冬至日日照高度角设计加建形体（图 4.2-3，图 4.2-4），尽量维持原有日照间距。

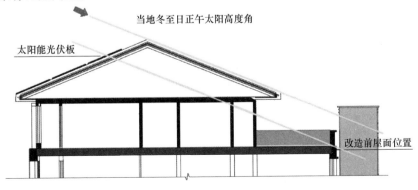

图 4.2-3　加建一层示意图

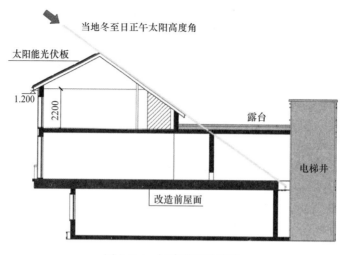

图 4.2-4　加建两层示意图

（2）加装电梯。根据调查研究，既有建筑加装电梯可采用外廊式加梯方式（图 4.2-5）或单元式加梯方式（图 4.2-6）。外廊式加梯方案易实现，而单元式加梯方案实现难度较大。如对于楼栋单元楼梯两侧均为厨房的户型，可在厨房外新建阳台，并对厨房的相关建筑功能进行改造，完成电梯加装。

图 4.2-5　外廊式加梯方式

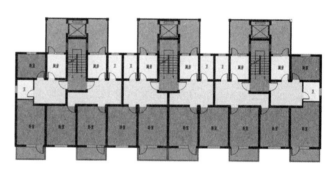

图 4.2-6　单元式加梯方式

（3）结构加固。当既有建筑局部墙体受压承载力不满足规范要求时，可采用外墙新增钢筋混凝土板的单侧加固方法对墙体进行加固，外墙单侧加固可保证仅在户外施工。也可采用局部增加钢构件仅对外墙进行加固，采用外包钢加固法对内墙加固，将室内施工量最大限度降低。

（4）结构加层。传统结构体系作为加层结构，存在较大弊端。如砖混结构自重大、工期长、无场地、扰民重；预制装配式混凝土结构自重大，吊装难，轻钢结构舒适性较差，且其刚度与砖混结构差别大，分户功能差，防火功能、抗震难以满足。

分析加层结构的特点，宜采用预制装配式、刚度适宜、结构自重较轻的建造体系进行加层改造。

装配式轻钢轻混凝土结构体系能够全面满足上述需求，且具有装配化率超过 90%、节材 21%～55%、主材固废利用率 30% 以上、保温节能效果好、施工速度快、用工少、无建筑垃圾等诸多优点，成为"6＋1"加层改造模式的不二选择。

装配式轻钢轻混凝土结构体系工厂自动化、标准化生产流程如图 4.2-7 所示。

図 4.2-7　装配式轻钢轻混凝土结构体系生产流程

装配式轻钢轻混凝土结构体系主要建造过程如图 4.2-8 所示。

图 4.2-8　装配式轻钢轻混凝土结构体系主要建造过程

4.2.4　综合改造工程案例

1. 项目概况

上海某住宅楼（图 4.2-9），6 层砖混结构，共 30 户，已竣工使用 25 年，建筑面积为 1818.93m²。改造内容包括加装电梯、原有结构加固、顶部加建一层、原有建筑保温节能改造、水电工程改造、加建层屋顶安装分布式光伏发电系统。

(a) 北立面　　　　　　　　　　　(b) 西立面

(c) 南立面　　　　　　　　　　　(d) 东立面

图 4.2-9　某住宅楼外立面

2. 改造方案

（1）加装电梯

采用外廊式加梯方案，电梯外置梯井采用钢结构，并加建部分外廊（图 4.2-10）。

（2）结构加固

现场检测并计算分析得知，原建筑 1～4 层局部墙体受压承载力不满足规范要求，部分纵墙抗侧力不够，所有横墙均满足设计要求。1 层墙体承载力计算如图 4.2-11 所示。

根据计算结构和规范要求，外墙局部采用新增单面 80mm 厚钢筋混凝土墙板进行加固，混凝土强度等级 C30，双向钢筋 $\phi 8@200$，加固墙体位置如图 4.2-12 所示。

墙体加固采用户外单侧施工为主，户内少量安装工程为辅，外墙采用局部增加钢构件进行加固（图 4.2-13），内墙采用外包钢加固法。原屋顶做一个 250mm×200mm 刚性加固层，使得原屋顶形成整体刚性平面，增加原有建筑强度。按照加固方案重新对房屋进行抗震验算，房屋各层绝大部分墙体均满足抗震要求。

（3）加层结构

住宅楼建造完工已超过 25 年，楼房基础的地耐力提高了 5%～15%，1～6 层经过加固后，垂直荷载满足加层改造要求，采用容重为 1200kg/m³，抗压强度约 5MPa 的预制装配式轻钢轻混凝土建筑体系加层。装配式轻钢轻混凝土建筑体系整体刚度与原有建筑相当，可以满足抗震要求。

通过圈梁实现加建结构与原有结构的可靠连接（图 4.2-14），轻混凝土层中预埋水平管线，在公共部分进行垂直管线布设。

加建层墙板、楼板、屋面均为工厂预制，现场吊装。墙板做法详见图 4.2-15。

屋面采用平屋顶结构附加坡屋面，平屋顶工厂预制，坡屋顶采用 S280 薄壁镀锌轻钢屋架，有组织排水设计，且南坡安装太阳能光伏板，详见图 4.2-16。

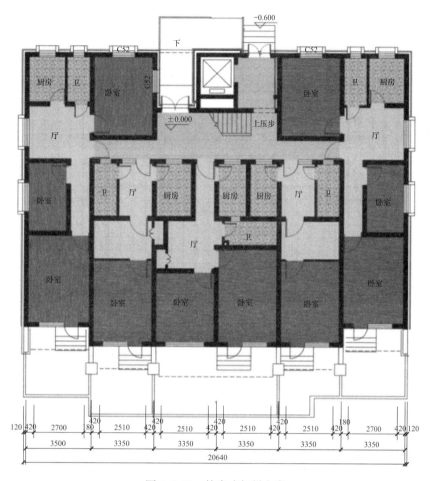

图 4.2-10　外廊式加梯方案

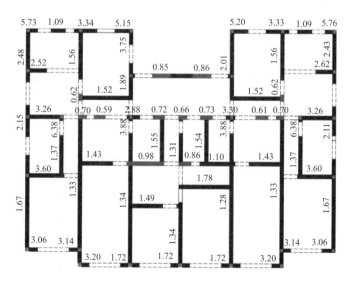

图 4.2-11　1 层墙体承载力计算

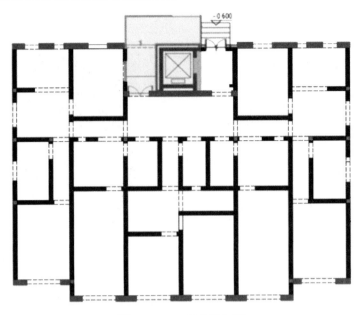

图 4.2-12　1 层墙体加固

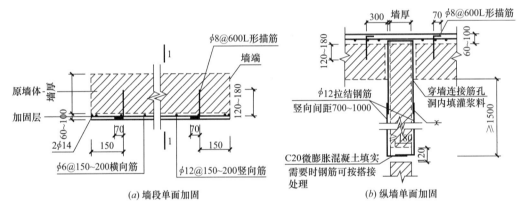

(a) 墙段单面加固　　　　　　(b) 纵墙单面加固

图 4.2-13　外墙加固做法示意图

（4）1～6 层保温节能改造

1～6 层外墙加装干挂式防火保温装饰系统（图 4.2-17），墙体传热系数 $K =$ $0.6W/(m^2 \cdot K)$，可达 75％节能标准，基层墙体无需预处理，干法施工、无冷桥，符合国家标准《建筑设计防火规范》GB 50016—2014 的要求。

（5）屋顶南坡光伏发电系统

光伏发电系统采用用户终端并网方式，将光伏发电收入用于维持电梯运行及维护，不因加建电梯造成住户居住成本增加（图 4.2-18）。

3. 改造效果

加固改造消除安全隐患，整体满足抗震要求；加层改造可增加物业上市销售，经济平衡；节能改造使得原有建筑节能达到绿色建筑 2 星水平；加装电梯可有效改善居民出行；水电工程改造达到新建建筑标准；光伏系统并网创收，平衡物业费用；装配式工法，居民无需搬迁，扰民程度最低，改造后外观效果如图 4.2-19、图 4.2-20 所示。

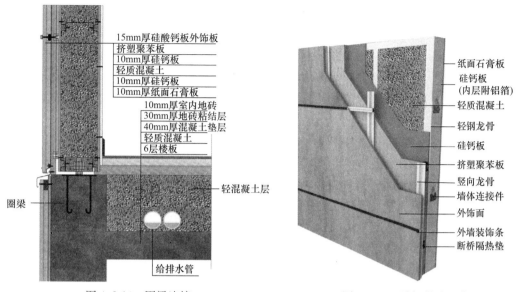

15mm厚硅酸钙板外饰板
挤塑聚苯板
10mm厚硅钙板
轻质混凝土
10mm厚硅钙板
10mm厚纸面石膏板

10mm厚室内地砖
30mm厚地砖粘结层
40mm厚混凝土垫层
轻质混凝土
6层楼板

轻混凝土层

圈梁

给排水管

纸面石膏板
硅钙板
(内层附铝箔)
轻质混凝土
轻钢龙骨
硅钙板
挤塑聚苯板
竖向龙骨
墙体连接件
外饰面
外墙装饰条
断桥隔热垫

图 4.2-14　圈梁连接

图 4.2-15　墙板做法示意

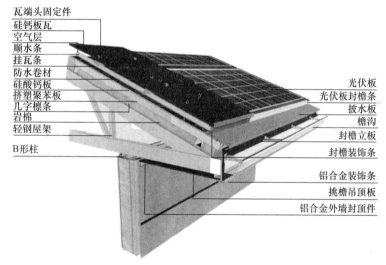

瓦端头固定件
硅钙板瓦
空气层
顺水条
挂瓦条
防水卷材
硅酸钙板
挤塑聚苯板
几字檩条
岩棉
轻钢屋架

B形柱

光伏板
光伏板封檐条
披水板
檐沟
封檐立板
封檐装饰条
铝合金装饰条
挑檐吊顶板
铝合金外墙封顶件

图 4.2-16　屋面做法示意

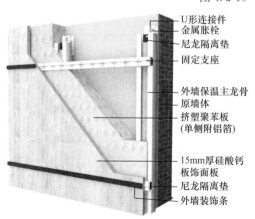

U形连接件
金属胀栓
尼龙隔离垫
固定支座

外墙保温主龙骨
原墙体
挤塑聚苯板
(单侧附铝箔)

15mm厚硅酸钙板饰面板
尼龙隔离垫
外墙装饰条

图 4.2-17　干挂式防火保温装饰系统做法示意

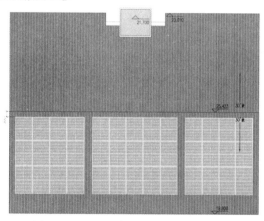

图 4.2-18　屋顶南坡光伏发电系统示意

图 4.2-19　改造后外观效果 1　　　　图 4.2-20　改造后外观效果 2

4.3 结构和构件裂缝处理

4.3.1 裂缝的危害性评定

　　裂缝对房屋的危害主要表现在对结构耐久性和建筑正常使用功能的降低，以及安全性影响。危害性大小与裂缝性状、结构功能要求、环境条件及结构抗蚀性有关，其主要变量是裂缝宽度，主要表现在钢筋锈蚀及结构渗漏均随裂缝宽度的增大而加快。当裂缝宽度大到一定程度，则认为是不允许的，必须进行修补处理；相反，当裂缝宽度小于一定数值，其不利影响就完全可以忽略不计。根据国内外经验，混凝土结构必须修补与无须修补的裂缝宽度限值可按表 4.3-1 采用。

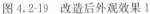

混凝土结构必须修补与无须修补的裂缝宽度限值（mm）　　　　　　　表 4.3-1

考虑因素准则	裂缝对钢筋腐蚀影响程度	按耐久性考虑			按防水性考虑
		环境因素			
		恶劣的	中等的	优良的	
必须修补的裂缝宽度（mm）	大	＞0.4	＞0.4	＞0.6	＞0.2
	中		＞0.6	＞0.8	
	小	＞0.6	＞0.8	＞1.0	
无须修补的裂缝宽度（mm）	大	≤0.1	≤0.2	≤0.2	≤0.05
	中			≤0.3	
	小	≤0.2	≤0.3		

　　调查研究表明，在任何情况都必须修补的裂缝宽度可放宽到 0.4～1.0mm。渗水试验及调查研究表明，对渗漏没有影响、无须修补的裂缝宽度为 0.05mm；对渗漏有较大影响必须修补的裂缝宽度为 0.2mm。从耐久性可考虑，沿钢筋的顺筋裂缝有害程度高，必须处理。

　　在工程实践中有些结构存在数毫米宽的裂缝仍然正在使用，而且多年后也没有破坏危险。一些专家和学者根据对结构裂缝处理的实际经验，提出对于小裂缝只需做面表封闭处理即可。

虽然目前现行设计规范和鉴定标准没有对砌体结构的裂缝和变形作出具体的限制规定，但是构件出现裂缝会降低其承载力。一般来说，构件的竖向裂缝对其抗压承载力有较大影响，水平裂缝对抗剪承载力有较大影响，斜裂缝对抗拉、抗剪、抗压承载力均有影响，结构或构件倾斜变形会引起较大的附加内力。砌体结构出现裂缝和变形，虽然不如结构布置、材料强度等影响因素那么显著，但裂缝和变形的出现是结构承载力、抗震性能等安全可靠性指标实际状态的最直接、最客观的反映，它们的出现不仅影响结构的承载能力，影响结构的整体性，还会影响其抗震性能及耐久性，甚至影响其正常使用。这些影响很难仅从承载能力极限状态的验算反映出来。

想要完全控制砌体结构裂缝和变形的出现是不可能的，有些结构可以带裂缝和变形工作，某些细小的裂缝并不影响结构或构件的正常使用，实际上，目前大量砌体结构存在裂缝和变形，仍在正常使用。当然，砌体结构住宅出现裂缝，也应及时进行修复处理。

4.3.2　裂缝的修补技术

修补裂缝的目的在于使混凝土结构物因开裂而降低的性能及耐久性得以恢复。首先必须基于裂缝调查结果，充分掌握裂缝的现状，更重要的是要选择与修补目的相吻合的最佳方法。裂缝修补不仅应考虑最大的裂缝宽度，还应综合考虑开裂的原因、裂缝深度、裂缝的位置和开裂构件的使用环境、使用要求、荷载等。从结构的安全性、适用性、耐久性和裂缝原因等综合分析，必要时除裂缝修补外，还需结构加固。

1. 混凝土结构裂缝处理

（1）表面处理法

包括表面涂抹和表面贴补法。表面涂抹适用范围是浆材难以灌入的细而浅的裂缝，深度未达到钢筋表面的发丝裂缝，不漏水的缝，不伸缩的裂缝以及不再活动的裂缝。表面贴补（土工膜或其他高分子防水片材）法适用于大面积漏水（蜂窝麻面等或不易确定具体漏水位置、变形缝）的防渗堵漏。

表面处理法是针对微细裂缝（裂缝宽度小于 0.2mm），采用弹性涂膜防水材料、聚合物水泥膏及渗透性防水剂等，涂刷于裂缝表面，达到恢复其防水性及耐久性的一种常用裂缝修补方法。该法施工简单，但涂料无法深入到裂缝内部。表面处理法分骑缝涂覆修补及全部涂覆修补。对于稀而少的裂缝，可骑缝涂覆修补；对于细而密的裂缝应采用全部涂覆修补。表面处理由于涂层较薄，涂覆材料应选用附着力强且不易老化的材料。对于活动性裂缝，尚应采用延伸率较大的弹性材料。

表面处理法的施工要点是：先用钢丝刷将混凝土表面刷毛，清除表面附着污物，用水冲洗干净，干燥后先用环氧胶泥、乳胶水泥等嵌补混凝土表面缺损，最后才用所选择的材料涂覆。注意，涂覆应均匀，不得有气泡。

（2）填充法

用修补材料直接填充裂缝，一般用来修补较宽的裂缝（0.3mm），作业简单，费用低。宽度小于 0.3mm、深度较浅的裂缝，或是裂缝中有充填物、用灌浆法很难达到效果的裂缝，以及小规模裂缝的简易处理可采取开"V"形槽，然后做填充处理。

填充法又称凿槽法，是沿裂缝将混凝土开凿成"U"形或"V"形槽，然后嵌填各种修补材料，达到恢复防水性和耐久性，以及部分恢复结构整体性的目的，适用于数量较少的宽大裂缝（＞0.5mm）及钢筋锈蚀所产生的裂缝修补。填充法所使用的嵌填材料视修补目的而定，有环氧树脂或可挠性环氧树脂胶泥、环氧砂浆、聚合物水泥砂浆或纯水泥砂浆、聚氯乙烯胶泥以及沥青油膏等。对于活动性裂缝，应采用极限变形值较大的延伸性材料。对于锈蚀裂缝，应先展宽加深凿槽，直至完全露出钢筋生锈部位，彻底进行钢筋除锈，然后涂上防锈涂料，再填充聚合物水泥砂浆及环氧砂浆等，为增强界面粘结力，嵌填时应于槽面涂一层环氧树脂浆液。

（3）灌浆法

灌浆法又称注入法，是采用各种黏度较小的黏合剂及密封剂浆液灌入裂缝深部，达到恢复结构整体性、耐久性及防水性的目的。适用于裂缝宽度较大（≥0.3mm）、深度较深的裂缝修补，尤其是受力裂缝的修补。

（4）结构补强法

因超荷载产生的裂缝、裂缝长时间不处理导致的混凝土耐久性降低、火灾造成的裂缝等影响结构强度时，可采取结构补强法。包括断面补强法、锚固补强法、预应力法等。

2. 砌体结构裂缝处理

对于砌体结构的裂缝，首先要分析其原因、性质，观察裂缝是否稳定，对结构的危害性。针对不同的原因和危害程度，采用不同的处理措施。砌体裂缝修补和处理方法主要有下面几种：

（1）表面封闭修补

结构变形引起的局部裂缝，当宽度较小，数量不多，对结构承载力影响不大时，一般采用水泥砂浆表面封闭处理。

抹灰层干缩裂缝和门窗洞口角部的应力集中裂缝，主要影响美观，一般裂缝宽度较小，不会危及结构安全，因此适合用表面封闭修补的方法处理。宽度较窄的裂缝，可用大白加107胶嵌补，宽度较大的将裂缝两侧凿开，空鼓的将空鼓层铲除，清理干净，重新用砂浆分层抹制后，再做表面装修。

（2）压力灌浆修补

当裂缝宽度较大，影响结构的整体性能时，应采用压力灌浆进行修补。压力灌浆工具一般有自动压力灌浆器，手动注入枪或由空气压缩机、灰浆泵等。灌浆材料可以选用强度等级高的水泥砂浆、环氧树脂砂浆、掺107胶的水泥砂浆，或其他化学浆液。

（3）局部补强

裂缝宽度较大且数量不多的情况下，除压力灌浆修补外，可采用局部补强措施，如在裂缝处用局部钢筋锚固法，沿裂缝走向，隔一定距离在灰缝中埋入短钢筋，钢筋两端弯成直钩锚入灰缝，直钩长度宜大于40mm，或者隔一定间距粘结钢板条，钢板条两端用膨胀螺栓固定。

4.4 屋面"平改坡"和"平改绿"

20 世纪 60～80 年代间，我国的大城市集中兴建了一批老式多层住宅，多为砖混结构。在当时经济落后的年代，着实为老百姓解决了住房问题。但由于条件限制，这些住宅普遍造型呆板、功能不全，使用至今，其防雨、隔热保温性能在先天不足的情况下更是每况愈下，屋面渗漏现象频发，顶层冬冷夏热。近年随着城市建设不断发展，城市面貌发生很大变化，在极富现代气息的新建筑旁，这些老式住宅显得不合时宜，成为城市景观改善、环境建设的一大难题。

由于我国能源需求不断增长，单纯增加能源供给已经不能满足日益增长的消费需求。为实现经济的可持续发展，我国把资源节约定为基本国策。据统计，建筑用能要消耗全球大约 1/3 的能源，发达国家建筑能耗约占总能耗的 30%～40%。我国虽然低于这一水平，但建筑能耗占能源消费总量的比例，已上升到约 30%。而我国既有建筑中，只有少数采取了能源效率措施。可见建筑节能，尤其是既有建筑节能改造，已经到了不容忽视的地步。我国政府早已提出，特大城市和部分大城市要达到节能 65% 的目标，到 2020 年要完成对大部分既有建筑的节能改造，"十一五"期间要完成改造 5.6 亿 m²。

一直以来，我国的建筑物普遍存在渗漏情况，例如其中的屋面工程，地下工程（地下室、隧道、地下人行通道、洞库、地铁等），外墙工程，或者室内装饰装修工程（厕浴间）。全国住宅总体渗漏率已达 60% 之多，屋面渗漏率高达 91.8%，地下室渗漏率也高达 44.6%。建筑防水行业虽小，却事关民众住家安康、建筑延寿节能、防止生态污染等大问题。

建筑物渗漏水会导致装饰装修材料出现变形、发霉等问题，严重影响外观，给业主带来日常烦恼，更会危害业主健康。一旦自家的室内渗漏给邻居带来不便，还会带来不必要的纠纷，影响社会团结安定。渗漏水会危及建筑物的结构安全，缩短建筑物的使用寿命。

综合上述原因，"平改坡"和"平改绿"工程应运而生。

4.4.1 "平改坡"

"平改坡"是指在建筑结构许可的条件下，将多层住宅的"平屋面"改建成"坡屋面"，并整修外立面，以达到改善住宅性能和建筑外观视觉效果的房屋修缮行为。实施住宅"平改坡"工程无疑能达到改善住宅性能、美化城市景观、满足人们视觉需求的效果。

大量工程实例表明，既有住宅建筑的平屋顶，由于设计、施工、材料等方面原因而造成的诸多弊病，已经显露无遗：①渗水、漏水问题难以彻底解决；②保温隔热差；③视觉污染；④防水材料大多以沥青为原材料，经高温、曝晒挥发有毒气体污染环境；⑤由于雨水的渗漏、冻胀，导致女儿墙和屋面板及顶层墙体开裂，严重影响建筑物的使用寿命和业主的生命、财产安全；⑥维修周期短，耐久性差；⑦影响开发商以及二手房业主的投资收益，顶层商品房难以销售；⑧顶层住户饱受雨、热、寒的折磨，影响居民的工作、生活，增加政府的额外负担，造成社会的不稳定因素。

"平改坡"能够很好解决上述缺陷，总体来说，老旧楼房屋顶"平改坡"工程会有以下几方面受益：

1. 城市受益

破旧房屋"穿新衣，戴新帽"，重新粉刷外墙，更换破损门窗，完善避雷系统，加上漂亮的坡屋顶，既美化了城市景观，又改善了小区环境。

2. 居民受益

使顶层楼房变成跃层，居室面积增加；增加屋顶阳台，可绿化可休闲；使屋面的隔热保温效果显著提高，减少了能耗，解决冬天渗雪水、夏天漏雨水的屋顶防渗漏适用性问题,很大程度上改善了顶层住户的居住舒适性;有利于防盗保安全。

3. 工程受益

由于加层用的是坡屋面,不会对其周围的楼房造成遮挡,楼房的间距不用改变;加快了排水速度,屋面不积水、不存水,从根本上解决了平屋顶易渗漏的建筑通病;在北方将旧房平顶改成坡屋顶,可减轻屋顶积雪压力,确保屋顶安全;延长了屋面的使用寿命,最大限度地减少了屋面的维修量;在屋面新做保温层,并与坡屋面形成空气层,屋面传热系数减小,冬季减少室内热量的散失,可提高室内温度,夏季减少通过屋面的得热,可降低室内温度,减轻国家能源消耗负担。

"平改坡"工程能有效解决顶楼住宅的渗漏、隔热差等问题,美化城市景观,特别是改善顶层住户的居住条件,这项对各方都有利的工程一经推出,就受到了各方的关注与欢迎,尤其是广大市民。图4.4-1为"平改坡"工程实例。

(a)　　　　　　　　　　　　　　　　(b)

(c)

图 4.4-1 "平改坡"工程实例

4.4.2 "平改绿"

"平改绿"是指在建筑结构许可的条件下,在既有建筑平屋顶上进行绿化,以达到美化城市第五立面、改善住宅区生态等目的。

城市人均绿化面积是衡量城市生态环境质量的重要指标。目前,我国城市人均公共绿地约 13.5m²,相比联合国建议的 40m² 还有相当大的距离。据国际生态和环境组织的调查,要使城市获得最佳环境,人均占有绿地需达到 60m² 以上,我国城市增加绿地面积的潜力巨大。屋顶绿化是城市中心区最廉价的绿化方式。

"平改绿"既可增加城市绿量和绿化面积,又可美化城市景观。它在改善生态环境方面起到重要作用,有益于缓解城市的"热岛效应",改善空气质量,有利于雨水管理,保护生物多样性,提升城市舒适感。

"平改绿"还可促进节能减排,主要体现在提高土壤下建筑材料的寿命、降低噪声、降低建筑能耗等。在日益拥挤的城市里,屋顶绿化建设是提高城市绿化率的一个发展方向,并且已经成为世界关注的一个焦点。综合近年各方研究成果,对以下几个主要功能加以详述。

1. 改善生态环境与景观,增加休闲场所

以建筑面积 20 万 m² 的多层居住小区为例,若屋顶面积按 20% 计,将其中 50% 屋顶加以绿化,可增加绿地面积 2 万 m²,以常住 7000 人计,人均可增加绿地面积 2.8m²。对比我国城市人均绿地面积现状,增加城市绿地面积的作用非常明显。同时,以绿色植物代替灰色混凝土和黑色沥青,可减少来自相邻低层屋面反射的眩光和阳光辐射热;俯视或平视时,绿色空间与建筑空间的相互作用和相互渗透,还给人以视觉的缓冲,使长时间生活在混凝土等无机空间中的人感受到绿色植物生命力的旺盛,并进一步与建筑物建立起愉快的视觉联系。屋顶作为城市景观构成的重要部分,通过屋面绿化将使单调的屋顶得到美化,有效改善城市景观环境,增加城市绿色空间,形成多层次的城市空中绿化景观。

屋顶绿化还能适当增加附近市民的休闲活动场所,德国已经实现将平屋顶改造成为室外活动、休息的空间。人在屋顶活动,不存在与机动车的交集,大大提高了安全系数。

2. 改善区域空气质量,调节环境温湿度

屋顶绿化对于改善区域环境质量有明显的作用。屋顶植物覆盖层可以吸附、滞留和固定大气中的有害气体、细菌、烟粉尘、重金属元素,并能吸收、分解空气中的氮氧化物、氨气、氯气等有害物质,抑制建筑物内部温度的上升,增加负离子含量,从而提高城市空气质量。联合国环境署的一项研究表明,如果城市的屋顶绿化率达到 70% 以上,其上空的 CO_2 将下降 80%,热岛效应会彻底消失。在新加坡,绿化屋顶上方空气中 SO_2 和 HNO_2 的含量相对于无绿化屋顶分别减少了 37% 和 21%。如今我国雾霾天频现,屋顶绿化也是治理雾霾的重要途径。

屋顶绿化后,由于绿色屋面与水泥屋面的物理性质截然不同,前者对阳光的反射率比后者大,加上绿色植物的同化作用及遮阳作用,使绿色屋面的净辐射热量远小于未绿化的屋面。同时,绿色屋面因植物的蒸腾和蒸发作用消耗的潜热明显比未绿化的屋面大。这样就破坏或减弱了城市的"热岛效应"。有研究表明,屋顶绿化对"热岛效应"的减弱量可达 20%。

此外,屋顶绿化对城市环境湿度也有显著改善,绿色植物的蒸腾和潮湿土壤的蒸发会使空气的绝对湿度增加,绿化后温度有所降低,也会使其相对湿度明显增加。有研究结果表明,绿化屋顶区域的相对湿度比常规屋顶高 10%。

3. 雨水收集与过滤

绿化屋顶通过屋面绿化层截留、吸纳天然雨水,对暴雨起一定的缓冲作用。绿色屋顶系统和不同深度的生长媒介,可减少 50%～90% 的直接雨水流失,这些雨水大部分是通过蒸腾作用直接进入自然水循环系统。德国联邦法律规定建筑物按照雨水排放面积收取费用,鼓励业主通过建造种植屋面减免雨水税费,从而减少雨水的地表径流。很多污染物经过屋顶材料的过滤后被截留在屋顶绿化地的过滤膜上,可以除去雨水中的污染物,从而提高地表径流水的质量,为城市雨水回收利用开辟了一条生态的、可行的途径。

4. 减少噪声干扰

绿化屋顶比硬质屋顶表面可吸收更多的声波,绿色植物特别是树木对噪音有很好的减弱功能。相对于无绿化的屋顶,有绿化的屋顶对频率在 500～1000Hz 范围内的噪声降低效果最显著，最大可降低 10dB 的噪声。这对于位于机场和高速公路附近、有喧闹的公共娱乐场所和大型设备的建筑而言，是行之有效的减噪方法。

5. 改善建筑构造性能

没有屋顶绿化覆盖的平屋顶之上，具有较大的温度梯度，导致屋顶各类建筑材料经常处于热胀冷缩状态，加之紫外线长期照射引起的防水、密封材料老化，极易造成屋顶漏水。"平改坡"工程可有效解决这一问题，"平改绿"则开辟了新的途径。屋顶绿化后，不再直接受到太阳辐射，延缓了防水、密封材料的老化，增加了屋面的使用寿命。屋顶绿化对屋面同时能够起到隔热、减渗及屏蔽部分射线和电磁波等保护作用，还可能防止火灾和机械性破坏对屋顶造成的破坏。

6. 保护城市生物多样性

屋顶绿化后，增加了城市绿地面积，提高了城市的自然度，为各种鸟类、昆虫及其他生物提供了更多栖息地，对增加生物的个体数量和种类有一定意义。

图 4.4-2 为"平改绿"工程实例。

（*a*）　　　　　　　　　　　　　　　　（*b*）

（*c*）

图 4.4-2 "平改绿"工程实例

4.5 老旧建筑增层加电梯

早年修建的大量 6～8 层无电梯、无残疾人通道的经济适用房，在当前老龄化社会的情况下，上下楼出入困难问题已经显现。具有增层改扩建条件的旧房，应尽量采用空间房地产开发技术，实施增层改造方案（图 4.5-1）。同时，多层老旧房外加电梯需求也极为迫切，是疏解居民出行的首选项目。

增层改造的好处有：

（1）新增楼层可将底层腾空搬到新增楼层，底层可作停车场，解决停车用地紧张的难题。

（2）新增楼层可出售并为旧房改造提供经济支持。

（3）旧房增层改造应根据实际情况分别对待：有的旧房只能利用旧房墙体、地基和基础的承载力，仅增 1～2 层。当有条件时，应广开思路，例如上海蒲田商住楼由 6 层增至 20 层，如图 4.5-2 所示。

图 4.5-1　旧楼增层整体改造 　　　　图 4.5-2　莆田 6 层旧商住楼经增层
　　　　　　加固成果图 　　　　　　　　　　　加固改造转变成 20 层综合楼

（4）大量的 5～6 层经济适用房，采用外套结构方式可增层至 8～10 层，节省宝贵的土地，进行二次房地产开发，有显著经济效益。

（5）对于旧房相距较近的小区，可采用"拆一留二"的方式解决。

（6）增层改扩建改造工程，可节省工程投资 30％～60％，减少工期一半以上，有利于平抑房价。

图 4.5-3 所示为多层住宅外加电梯工程。图 4.5-4 所示为多层住宅外加电梯实例。

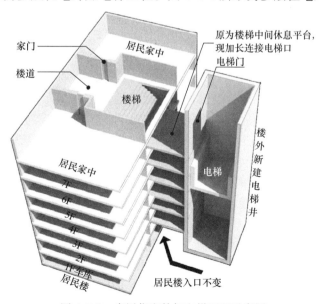

图 4.5-3　多层住宅外加电梯工程示意图

图 4.5-4　旧住宅增设电梯

4.6　老旧小区综合更新改造

4.6.1　老旧小区改造的意义

老旧小区是指建设标准、设备设施、功能配套明显低于现行标准，且没有建立长效管理机制的住宅小区。如果从时间上划分，国内有关专家和地方将 2000 年以前的小区定义为老旧小区，另一种划分方法是 1998 年以前建成的节能不达标的住宅小区。

国内有大量的老旧小区由于建造时间早，存在建设主体多元化，小区的规划、设计、功能布局标准低，基础设施不完善，功能配套不完全，道路破损严重、绿化少，环境脏乱差（图 4.6-1），热计量改造推进难，违章搭建多、停车难，外立面破旧，电梯老化或无电梯等诸多问题，中心城平房区问题更多，与新建小区（图 4.6-2）形成强烈反差。

城市化快速推进和房地产业的迅猛发展，导致大量建筑物和小区被过早拆除（图 4.6-3），特别是近年来出现多起耗费巨资建造的建筑物被过早拆除的现象，造成经济损失、资源浪费和环境污染（图 4.6-3）。

如何治理老旧小区存在的诸多问题？在 2016 年中央城市工作会议上，李克强总理提出："可通过实施城市修补，解决老城区环境品质下降、空间秩序混乱等问题"。实际上既有建筑和老旧小区不需大拆大建，经过修补修复就可以消除隐患和缺陷，以小区更新和现代化改造替代拆除重建，具有重大意义。

图 4.6-1　老旧小区

图 4.6-2　新建小区

　　老旧小区更新既是重要的民生工程，也是新的经济增长点。老旧小区的更新改造将成为建筑行业发展的一个新领域，如能贯彻实施城市修补和老旧小区更新，不仅能促进节能减排、扩大有效投资，还有提升城市竞争力、解决百姓实际问题和社会矛盾、带动经济增长等多方面的效应。

4.6.2　老旧小区现存的问题

　　老旧小区已历经几十年使用，陪伴着楼宇中的居民一同进入迟暮之年，越来越难以

图 4.6-3　住宅被过早拆除造成
经济浪费和环境污染

承载现代的生活需求，影响了小区居民的生活质量。危旧房屋和老旧小区现存的主要问题有：

1. 没有电梯出行不便

　　老旧房屋大多数为 6 层左右的多层住宅，对于老人来说，上楼下楼困难，一级级楼梯在老人面前就像一座座高山（图 4.6-4），稍不留意就会摔倒。

　　患病就医困难，养病护理犯愁。老旧小区居民生病受伤，行动不便时，不仅是老人，对于患病后行动不便的年轻人和小孩上下楼延医就药，都需要依靠亲属好友帮助背扶。

　　购物容易，回家困难。为此，借助电梯轻轻松松地回家和出门，对于老旧小区里的老人们来说，是个日思夜盼的梦想。

2. 老旧房屋结构老化安全存在隐患

　　老旧小区楼房多建于 20 世纪 80 年代和 90 年代，全国城市化建设提速，大批居民小区楼房密集建成。那时市场经济刚刚起步，规范标准跟不上建设速度，给工程质量留下隐患。1998 年底实行住房制度改革，结束福利分房制度后，原正常维修保养工作没有得到有效延续，造成房屋年久失修，抗震性能达不到标准要求。唐山地震后老旧房屋大规模抗震加固，但仍有一些住宅没有加固过，"居住安全"已成为悬

图 4.6-4　多层住宅没有电梯

挂在所有老旧小区居民头上的"达摩克利斯之剑"。

3. 电力设施老化

电力线路消耗大，电力设施老化，急需更新更换。供电负荷不达标，大负荷用电有跳闸停电现象。

4. 供水管道陈旧

有的城市供水管道渗漏亟待维修，浪费惊人，如图4.6-5所示。楼内供水管道也有渗漏、老化现象。

旧房小区水压低导致中高层住房经常停水。屋顶水箱老化，病菌滋生，不利于居民健康。

5. 排水设施满足不了排水需求

住房的排水管长期使用，结碱等原因造成经常堵塞，污水外溢。

有的小区雨水多了就洪涝，小区道路被洪水浸泡毁坏，居民行路艰难。

6. 供暖管道老化

热力管道或暖气管道老化、渗漏，室内温度很难达到舒适需求。如果供暖温度提高，老化的供暖管道会爆裂，不但小区无法供暖，还得对马路开膛剖肚。

7. 建筑设计和外立面陈旧

老旧小区楼房顶层大多是平顶，冬天渗雪水，夏天漏雨，冬冷夏热，进而导致能源消耗巨大，还容易出现入室盗窃等问题。

外立面陈旧、损坏，得不到及时维护。

8. 辅助设施缺乏

旧房无残疾人出行坡道，导致患病老人及残疾人出行不便。

9. 小区环境差

环卫基础设施不达标，卫生死角多，垃圾不分类，绿地少（图4.6-6）。

图4.6-5 陈旧的管道

图4.6-6 小区环境差

10. 消防安全存隐患

消防设施建设不到位，火灾事故隐患突出。

11. 停车难

老旧小区建设时没有停车场和停车位。现在很多家庭购置了汽车，但停车位过少。

4.6.3 国内省市老旧小区更新情况

1. 老旧小区更新改造情况

近年来，全国很多城市启动了老旧小区的更新改造工作，当前的趋势是以住宅小区的更新改造替代单个建筑的改造，将工作重心从单独住宅的更新改造建设转到一个居住小区更新和社区及城市的更新改造建设和管理，从增强住宅的耐用、实用转向改造居住建筑的健康、超低能耗和建筑的高端化，从提高房屋的单一居住功能转向完善建筑的美观和更加人性化。这种新角度不仅使居住房屋的功能得到了提高和完善，房屋周围的小区环境和设施也同时得到了改善。改造后的房屋和小区将不仅满足人们对舒适、经济等个性化的需求，还要最大限度满足环境友好、节能高效的需求。

调查国内 2011 年以来开展并完成的老旧小区更新改造工作情况，对调研资料和收集的资料进行整理分析，按照小区地点、实施时间、更新内容、责任主体和资金来源进行了汇总，见表 4.6-1。

部分省市老旧小区更新资料汇总

表 4.6-1

小区地点	更新实施时间	更新内容	责任主体	资金来源
北京市海淀区	2012 年起，力争 5 年内完成	抗震加固、简易楼、节能改造、环境整治、老旧供热管网设施改造、电网配电设施改造及部分有条件的小区进行停车楼建设、更新补建信报箱、加装无障碍设施和电梯等	海淀区建委、发改委、财政局、市政市容委等各级区政府	区级资金及市级补充资金
北京市昌平区	2014 年	抗震加固、屋面保温防水改造、水管线、燃气管线改造、防水防雷设施改造、绿化、景观、道路、照明设施改造	市政府、区政府	资料未涉及
北京市西城区	2012 年起	抗震加固、管线更新、公共区域整治、公共设施完善、屋面修补、加装电梯	区政府、区属直管公房管理单位	政府财政直接投入、间接补贴、社会资本
辽宁省	2012 年起	房屋修缮、设施改造、环境改善、明确老旧小区改造内容和标准、改造城市出入口、主干路两、改造后的小区采取专业化物业、社区管理、业主自治等管理模式	全省各市政府、省住建厅	资料未涉及
辽宁省建平县	2011、2015 年	小区面貌改观（清理违章建筑、整治脏乱差）、公共部位修缮（维修屋面防水、墙面粉刷、楼梯踏步及散水等）、基础设施改造（排水管线、供电线路、路灯、监控、重修道路）、绿化完善	县政府、街道办事处、社区和业主委员会	政府投入为主、社会集资和业主出资为辅，造价控制在每平方米 20 元
沈阳市	2017 年	市政配到设施、旧住宅环境配套设施、建筑物主体及公共服务设施	市政府、由社区党员、骨干、楼长组成的社区议事会	市政府财政补贴
郑州市	2011、2012 年	改造疏通上下水、整修路面、改造供电设施、维修路灯、设置机动车和非机动车停车场、封闭小区、完善监控、拆除违法建筑配备绿化、规范小区示意图门牌号等、增设信箱	市政府、街道办事处	市政府补助金

小区地点	更新实施时间	更新内容	责任主体	资金来源
呼和浩特	2011 年	房屋整修养护、完善配套设施、建筑节能改造、	市委、市政府、小区物业	3 亿元
山东省	2016 年	房屋修缮、节能改造、环境整治、设施设备维修更换、	省委省政府、各市县政府	省财政资金及各市财政资金
南京	2016、2017 年	防水、楼顶保温、管线入地、拓宽道路、增设车位、新花园绿地、搭建充电桩和新车棚、加装电梯	市政府、小区物业、	市政府财政补贴
西安	2015 年	房屋安全鉴定、整治违章搭建、打通消防通道、防止高空坠物、修补路面、老化网管更新、照明设施和车位合理布置、完善小区配套、增补绿化和休闲健身、加装电梯	市委、市政府、市建委、市财政局、街道办事处、镇人民政府	市政府财政补贴，加装电梯采取军民自行出资和政府补贴一齐的形式
湘潭市	2016 年起	更新管线、维修或更换设备、修补道路、	市委、市政府、市建委	市委、市政府投资 6.5 个亿
厦门市	2011 年起	建筑物破损修缮、周边环境整治、市政及公共服务设施更换完善	市建设局	市政府
香港	2015 年起	路面、地下管网、照明等一些公共配套设施改造、楼内修缮	区政府	楼外设施改造政府出资、楼内改造住户出资
合肥市	2012 年 3 月起	完善基础设施、疏通、翻建地下管网、改造水电气三表出户管网、修整、规范杆管线设施、整治、新建停车设施、修缮改造房屋、整治绿化及休闲配套设施	各县（市）、区人民政府、市政府各部门、各直属机构	按照市、区财政 6∶4 的比例承担

2. 更新重点及主要问题

在调研过程中发现，老旧小区大多存在排水问题严重，电梯、防水维修需求量大，群众业主对于建筑节能方面改造的关注度更高。同时在更新改造的工作开展中也遇到了许多难题，大致可总结如下：

（1）更新改造施工后责任主体不明确，缺乏类似于开发商建设完成移交物业公司的制度支撑，各单位工作衔接有困难；

（2）对老旧小区的定义比较模糊，如何界定范围存在矛盾争议；

（3）部分物业公司无法完全履行职责，存在监管漏洞，政府没有监管手段和机制；

（4）缺乏相关验收标准和流程体系，部分维修工作不彻底；

（5）房屋安全信息化管理欠缺，业主居民尚缺乏监督维修改造资金渠道。

4.6.4 老旧小区的更新改造内容

老旧小区的更新改造内容可以划分为三类，一是房屋本身的维修改造，二是小区的环境改善，三是配套设施完善。设置菜单式选项，逐步进行改造。

房屋维修改造是指房屋本身的各项功能更新改造，主要包括：老旧住宅小区房屋部件、构件的修缮更新，屋面整修改造，外墙及楼梯间粉饰等，增设电梯，建筑节能改造（包括楼体保温、楼顶防水及安装防盗门、更换铝合金窗等，"平改坡"、屋顶和墙面绿化），以及给排水管线、热力计量改造。

小区环境改善是指房屋之外，居住小区的公共部分环境，包括拆除老旧住宅小区凉房和违章建（构）筑物，清理房屋立面的破旧搭建物、广告牌，清理楼道内杂物，整修道路、围墙，补植和增辟绿地，拆除违建、改造建设停车泊位，清理环境垃圾，治理环境卫生等。

配套设施完善是指小区的市政项目及公共服务项目，包括旧住宅小区内供电、供水、供气、供暖、垃圾和污水处理等居民急需的市政公用设施的健全、公共部位老旧管线改造；社区服务设施、文化体育设施、安全防范设施、管理服务用房等配套设施设备的补建；电信、邮政等其他城市基础设施的完善。

具体更新内容和项目见表 4.6-2。

老旧小区更新的内容　　　　　　　　表 4.6-2

更新类别	更新项目
小区设施配套	健身器械，停车场，充电桩，热力管线，给排水管线网，电力管网，光纤网络，燃气管网，垃圾分类箱，监控探头，围墙，大门卫室
生活环境改善	道路硬化，小区绿化，路灯，违章建筑拆除
建筑物本体维护维修	"平改坡"，屋顶绿化，屋顶防水，植物墙，抗震加固，节能改造，外墙保温，门窗保温，无障碍设施，饮用水给排水管线，屋顶排水管维修，加电梯，热、电计量

老旧小区的更新改造内容按项目划分，包括下列几类：

（1）房屋性能提升项目：结构安全性和抗震性加固、加装电梯适老改造、增层改造增加老旧楼宇容积率。

（2）绿化项目：有社区绿化和小区外墙绿化、房屋屋顶绿化和墙面绿化。

（3）市政交通：增加社区对外通道，建造或扩建小区车库，取消围墙，变封闭式小区为开放式小区（共享资源，解决城市交通拥堵）。

（4）节水项目：海绵社区整体设计改造、中水回用改造、建筑雨水收集。

（5）节电项目：小区的住宅照明、小区道路夜间照明灯具全部换成 LED 灯具可以产生照明节能 40% 的绩效，且灯具的使用寿命也大幅度提高。

（6）节能项目：建筑外遮阳改造、外墙保温改造、供热计量改造。

（7）环境：厨余垃圾处理与垃圾分类，厨房油烟集中过滤。

4.6.5　小区更新的责任主体

落实通过已有老旧小区更新改造案例调查和分析，明确业主、物业、专业实施单位、政府等各方的责任。

从各地调研情况看，基本是政府主导，主管部门落实，业主和物业公司配合。将老旧住宅区改造作为涉及民生关怀和社会保障的重要事项来抓，成立了区级老旧小区综合整治工作领导小组，由各级政府对改造工作进行指导督查。在实施中，一般由住建部门牵头，按照部门职责进行分工，把整治任务分解落实到各个街道和有关部门中，区政府与责任部门和各街道签订改造责任书，以书面形式明确任务，要求按照小区名称建立台账，做到"底数清、情况明"，按照各区域内整治改造任务量拟定总体和年度工作计划、测算改造费用、编制实施方案。

4.6.6 资金来源

落实资金是完成改造工作的前提。在整治改造中，建立了政府支撑、有关部门支持相结合的投入机制。主体改造项目和配套设施整治工程一般由市、区财政承担，从年度城市建设维护费计划中列支，专项整治项目由主管部门负责落实整治经费，同时各街道承担各自改造范围内 20% 的费用。业主投入资金的很少，原因在于：

首先，业主形成共同决定困难。《物权法》规定："建筑物及其附属设施的维修资金属于业主共有；使用建筑物及其附属设施的维修资金，应当经专有部分占建筑物总面积三分之二以上的业主且占总人数三分之二以上的业主同意"。在实际操作中，达到双三分之二以上业主同意较为困难，如用于屋面防水维修，非顶层业主不愿分担维修费用；用于电梯维修，低层业主也不愿分担维修费用。

其次，业主大会成立比例低，成立业主大会的小区仅占物业管理小区的四分之一，承担共用设施管理和监督维修资金使用的主体缺失。由于业主达成一致意见较困难，造成维修困难，从而带来房屋建筑过度使用，丧失最佳修缮时机，给房屋安全使用带来隐患。

最后，物业企业或房屋管理单位不作为，对于应开展的房屋维修置之不理、延误维修等。

4.6.7 验收标准

目前缺乏老旧小区更新改造的验收标准，为达到更新目标和效果，应制定一系列的验收标准，如绿化率达标，保证成活率，定期维护要求；改造后容积率达标，拆除违建和侵占的绿地；整修后、道路改造后验收标准；增设电梯的验收标准等。

4.7 老旧小区更新建议与对策

通过对北京市和国内典型省市老旧小区更新改造广泛调研、走访、座谈，总结老旧小区更新的做法和经验，分析了工作中面临的困难及问题，借鉴国外成熟的老旧社区更新管理经验和相关法律法规，为更好地开展老旧小区更新改造，提出如下建议和对策。

4.7.1 建立老旧小区更新相关法律法规

在老旧小区更新工作调研过程中发现，目前缺乏老旧小区更新工作的法律法规，老旧小区综合整治不同于新建工程，整治过程中涉及多个业主和权利人利益调整，由于缺乏法律依据，给整治工作推进带来一定困难。建议通过深入研究，借鉴国外成熟的老旧小区更新管理经验，形成符合中国特色的相关法律法规，为今后的老旧小区更新改善工作保驾护航。通过稳步推进市人大立法，通过法律法规，规范寻求居民共识程序，固化民意立项结果，简化审批程序，维护小区居民整体利益，保护参与改造企业的权益。

制定相关法规也使得各部门、单位在更新工作中有据可循，有法可依，从而极大地提升老旧小区更新的质量，简化与明确工作流程，提升工作效率。同时，应建立健全更新流程体系，明确设计施工单位、政府、业主及社区居委会、物业的分工与责任，确保物业单位、业主、社区居委会在建设过程中有充分的参与度，完成竣工后顺利交接和管理。

4.7.2 制定管理规定和技术标准

老旧小区改造是一项综合性系统工程，涉及社区、居民、政府部门、设计施工各方，以及市政、电力、热力、规划、园林等部门，需要责任方达成共识，整合优势，相互配合与协作形成合力，步调一致，建立协调联席机制，为确保改造工程的顺利进行，指定牵头主管部门，由牵头主管部门尽快形成城市老旧小区改造实施的计划和实施方案等，建立以社区为单元的督查评价体系，并以专项信息化建设为前导，动员民众参与监督，力求"透明、公正、可追溯"，保证此项工作健康顺利开展。

土地、城市规划、消防、市政等部门可专门为此项工作设立联合绿色办事通道，以加快审批流程。借力大数据，将小区情况信息化，建立"互联网＋"模式的数据库，方便有关部门、设计施工单位、小区业主快捷查询。

对于有利地段的老旧小区改造可以进行土地二次开发，适当增加商业建筑面积。在改造升级过程中，尽可能地将老旧小区改造与各类管线改造、配套设施完善、小区绿化等同步进行，以加快工程进度，降低项目成本，最大限度地减少因施工给居民生产生活带来的不便影响。

老旧小区改造不像一般的政府公共工程建设有成熟的工作流程，且不同的小区有不同的特色、不同的需求、不同的方法。改造比新建工程影响因素多，情况复杂，应制定老旧小区更新改造相关技术标准范和验收标准，确保工程设计施工质量，使验收工作有据可依。

改造项目应进行全过程管理，应有计划、方案、过程资料，经过验收，达到预期效果。

4.7.3 老旧小区更新改造项目菜单式选择

改造项目应统筹规划、资金整合、因地制宜、重点突出。在注重综合改造的同时，把抗震节能综合改造、上下水改造、拆除违法建设、整治开墙打洞、架空线入地及规范梳理、补建停车位、增设电梯等内容作为改造整治重点。老旧小区更新和旧建筑进行绿色化改造替代城市的大拆大建，需更新改造的项目非常多，应对项目进行分类，让居民有选择性地确定，分期分批实施。

老旧小区的改造项目可分为两类：第一类，为结构安全性与正常使用耐久性改造，即必须进行改造的基础类项目；第二类，为舒适性、美观性、拓展性改造项目，即为可选类项目。

1. 必须进行的改造项目

许多老旧住宅建筑，由于缺乏质量监管或监管水平比较低，存在诸多安全隐患。因此，对于老旧小区尤其房龄较长甚至接近到达设计使用年限的，必须进行结构安全性、性能检测，并依据检测结果进行加固。此外，正常使用耐久性是满足居民居住的重要方面，如上下水管道更新、外墙保温、防水改造以及热计量改造等。

2. 选择进行的拓展改造项目

对于第二类拓展性的项目，即为满足该小区或住宅建筑的居民需求而进行的更新改造，如加装电梯、社区环境改造、新建停车库等。对于此类改造项目，可以编制菜单式的更新规划表，让居民参与其中，依据小区实际情况及业主居民的意愿自选个性定制，调动群众积极性。

4.7.4 落实老旧小区更新改造各方的责任

老旧小区更新改造的相关方包括业主、社区居委会、设计施工单位、物业公司、各级政府、投资方等，应落实各方的责任。

采用"自下而上、以需定项"原则。以往的改造多由政府主导，居民配合，居民参与度不高，效果不理想，以后应充分依靠群众，依据群众意愿来确定老旧小区改造项目和内容，在绝大多数群众同意改造项目、承担相应责任的前提下，做到"应改尽改"。理顺小区居民、市场和政府的关系，转变政府职能，由政府管理向公共治理转变；发动小区居民参与决策、履行责任和监督综合整治全部实施过程。

充分发挥街道居委会的作用，由街道出面做好政策宣传和动员居民参与工作，按照部门职责进行分工，把整治任务分解落实到各个街道和有关部门中，区政府与责任部门和各街道签订改造责任书，以书面形式明确任务。

区级统筹、属地为主原则。突出区政府统筹职能，加大政策、资金和资源的统筹力度，落实街道办事处（乡镇人民政府）在老旧小区综合整治工作中的管理职能。

物业公司应全程参与老旧小区更新改造工作，为各阶段工作出谋划策，了解过程，为改造后交接和以后的长期管理奠定基础。

承担更新改造的设计施工监理单位应按照管理规定和技术标准开展工作，接受业主及政府主管部门的监督管理，保证项目的质量、安全及进度，做好项目的验收工作，达到预期的改造效果。

4.7.5 老旧小区更新改造资金投入渠道和长效管理机制

老旧小区更新改造资金投入渠道，宜保持政府主导，牵引社会资金，吸纳金融机构和保险公司投入，调动居民出资积极性，推广"PPP"体系。

保险公司的纳入：建筑物由于各种潜在缺陷，导致其在正常使用期间发生的损失为标的的保险，是以工程质量作为保险对象的保险，由建设方、工程项目参与各方为保证工程完工后可能出现的质量缺陷有可靠的维修资金保障而设立。保险期限一般为竣工后第2~10年。因保险期限通常为竣工后十年，也被称为十年责任保险（Decennial Liability Insurance）。

保险公司可选择国内大型城市作为该项保险的试点，初期由商品房及保障性等住宅类项目为主。北京市计划在2018年，基本实现新建住宅工程质量保险全覆盖；2020年底，基本实现新建、扩建、改建房屋建筑和市政基础设施工程质量保险全面实行，工程质量保险制度基本建立。

多元化筹集资金：自选类改造内容可采取社会投资、居民付费和政府补贴方式筹集资金。

建立老旧小区长效管理机制，巩固整治成果。综合整治后，应同步建立起小区居民自治组织（业主委员会），发挥社区基层组织和社区监督委员会作用，指导居民自己管理老旧小区。对具备条件的小区，将专业化物业服务引入老旧小区，培养居民对物业服务的付费意识，逐步提高老旧小区物业管理水平，实现由"准物业"管理向专业化物业管理转型，同时逐步健全老旧小区专项维修资金制度，推动老旧小区向商品房小区并轨。

第 5 章　既有建筑安全管理

5.1　部分发达国家或地区房屋建筑管理制度

5.1.1　法律法规及执行情况

1. 法律法规和技术标准

在法律法规方面，部分发达国家或地区多以全寿命周期为时间跨度在一部法律中对建筑物进行管理，其管理对象通常按照建筑物权属关系进行划分，以一部核心法为基础完善相关法律体系，并在具体内容中增加有关技术标准的内容以确保相关人员对标准的正确认识。

在技术标准方面，美国等国家没有统一的国家规范和标准，规范先是由不同机构（官方或非官方，营利或非营利组织）发行的推荐性标准，当其被州、市政府正式批准采用时，方可成为当地实行的技术标准。因此，在不同地区设计时可能会采用不同的标准，而且这种标准也远远不如中国标准体系之完善、规定之详尽。

在使用阶段的标准规范方面，鉴于既有建筑产权的多样化，既有建筑的鉴定、改造与功能提升技术依然是经济发达国家目前研究的重要问题。

发达国家对建筑的拆除有严格的规定，注重对既有建筑和历史建筑的保护，修旧如旧，内部功能现代化改造，外表保留原貌，不随意拆除建筑物。对结构的可靠性鉴定，美国的 ISO 系列标准有所涉及，英国、法国等都没有相应的鉴定标准。究其原因，这些国家对于建筑性能的鉴定都是以现行规范的基本要求为基准，并不因为其具体建造年代而发生改变。

2. 法规的执行情况

发达国家政府和民众对法规十分重视，对法规的执行十分严格。市级政府机构设置专门或兼职监察员，定期巡视市区建筑情况。如果发现不符合法规或建筑规范的情况，以及可能影响公共安全的现象，监察员会给房屋业主或物业管理部门发传票，限期整改，如果限期未整改，会进入司法程序。对于建筑事故的处罚，近几年也加大力度，从罚款到吊销人员资质甚至监禁。

例如 2012 年 6 月 23 日，加拿大安大略省埃利奥特湖市的 The Algo Mall 购物中心发生屋面停车场倒塌，造成两人死亡。政府组织调查事故原因，最后形成了调查报告"Report of the Elliot Lake Commission of Inquiry"对事故原因进行分析，对相关责任人进行处罚。

发达国家的法规也存在缺陷和不足，在执行中会暴露出来，政府的职能是不断修正和完善这些法规。

5.1.2 既有建筑的管理方式

1. 产权方式

国外房屋的产权方式与国内类似，主要有三种：自建房屋、公寓房屋和出租房屋。欧美、加拿大、澳大利亚等国家居住建筑主要是自建房屋，从政府购买地块，根据申报批复的要求自己建设居住用房，也可以购买别人建成的自建房。公寓房屋与国内的商品房相同，从开发商处购买，具有自主产权。加拿大、新加坡等国家和非营利民间组织还为低收入者提供出租房屋，与国内的廉租房相同，业主向政府部门缴纳低额租金，有使用权，不具有产权。

2. 管理模式

城镇居住建筑主要为多层及高层房屋，自建房屋很少，这里主要介绍国外的公寓房屋管理情况。发达国家对公寓建筑具有相应的管理模式，例如加拿大多伦多市，公寓建设和管理遵循安大略省公寓法（Condominium Act），它列出业主和建筑承包商的责任，另外很重要一部分是公共区域的维修资金管理（Reserve Fund），要求每三年委托监理工程师作使用性能评估，根据每个建筑结构、水、电、冷暖设备的现状、存在的问题，预测使用寿命，一般需作出 40 年的维修计划，核算成本并制定年度资金收支平衡表，以此为依据向业主收取物业费。为保证资金使用到位，每栋公寓允许注册一个业主委员会，监管资金使用情况。

英国把旧住宅维修改善作为住宅发展计划的中心任务，控制管理重点有：

（1）提高修房效率，定期维修费用支出比例提高到维修总费用的 60%～70%；

（2）旧房调查评定，确定居住最低标准和满意标准作为维修改善依据；

（3）分析旧房结构体系优劣，英国建筑研究所在 20 世纪 80 年代评价了全国 2000 多所预制混凝土结构住房，如发现不适合继续使用，即通过立法规定为不安全建筑，房主有权获得当地政府补贴进行维修改造；

（4）鼓励建造商开发配套维修改造技术，政府择优认定推广，以降低成本造价和提高改善质量；

（5）采用计算机管理，英国全国房产管理中心储存了每户住房资料并与各城市房管所联网，还设有住房维修改造辅助决策系统。

3. 城市更新和建筑维修管理

国外的城市维修大致经历三个阶段：（1）物质更新主导阶段：以战后重建和城市美化为政策背景，强调政府意志和贫民窟清理；（2）重视社会统筹的综合改造阶段：以福特主义和多元主义为政策背景，强调政府主导和社会福利；（3）可持续、多目标、和谐发展的现代城市更新阶段：以新自由主义与新型城市管制作为政策背景，强调人居和谐发展。

20 世纪 90 年代以后，西方国家结合社会经济领域对战后经济模式的反思，开始提出城市更新的可持续发展，出现了更加注重人居环境、生态环境和社区可持续性发展等新的政策导向。开始重视发展社区规划，强调"人本主义"，这标志着西方城市更新运动已经进入可持续、多目标、和谐发展的新阶段。

苏联着重大规模维修改造旧住房；日本致力于简陋公产住宅的改造和高层建筑的修

缮；西欧及美国注重保持城市建筑的历史风貌，使旧住房外面整修如"旧"而内部设施现代化；瑞典、英国、日本等国的建筑部门着重旧房维修改造更新、施工工艺、修缮装饰材料及施工机具等方面；意大利住宅建设委员会和公共工程部提出旧房维修翻新技术委托有关院、所和高等学校研究。

维修管理与更新改造是保证既有居住建筑全寿命期内正常使用的必要措施，对既有房屋的维修主要分为日常维修、改造加固和灾后修复，维修方式和采用技术、材料等与国内基本一致。

日常维修内容主要包括内外墙饰面材料空鼓、脱落，吊顶变形老化，楼面及屋面渗漏，墙面渗漏或结露，门窗渗漏，空调及供暖系统清洗保养，上水系统更换老化部件，下水系统清理疏通，照明线路维修及灯具更换，日常维修涉及地基、结构的较少。

欧美发达国家早已完成大规模城市基础建设，且人员流动基本平衡，建筑从业人员主要开展房屋改造加固项目。相比新建建筑，民众普遍对传统建筑风格更加钟爱，长时间以来政府对城市基本面貌趋向保护，要求一些服役时间较长的房屋尽量保持外立面的特色，即使维修也以"修旧如旧"为原则。加之欧美大部分地区抗震设防烈度较低，既有建筑改造的主要目的并非提高结构承载力，而是提升建筑物的品质和舒适性，接驳通信、网络等智能化系统。

灾后修复主要针对火灾、爆炸、撞击、地震等，损伤严重的建筑物首选拆除重建，对局部损伤的修复方法与国内类似，其实国内目前对建筑物常用的修复方法、技术、材料等主要借鉴日本、美国、欧洲等国家和地区。因材料性能、施工工艺、管理制度、人员水平等方面的差异，施工后的效果一般优于国内水平。

4. 维修改造的经费来源

20 世纪 60 年代，各国在基本解决住房困难问题后逐渐重视旧住宅的维修与更新改造。20 世纪 80 年代，欧洲各国建筑日常维修资金投入年递增 6%～10%，旧住宅维修改造总额占住宅建设总额的 1/3～1/20。瑞典 1983 年的维修改造投资占建筑业总投资的 50%，1988 年旧房维修改造工程占建筑工程总量的 42%。英国从 20 世纪 70 年代改变大规模拆旧建新的建设方式，转为保护性维修改造和内部设施现代化，1978 年改造维修投资是1965 年的 3.76 倍，1980 年旧房维修改造工程占建筑工程总量的 1/3。

进入 20 世纪 90 年代，在国际建筑业新建市场日渐萎缩的情况下，以旧住宅为主要对象的建筑维修改造业正发展成为"朝阳产业"。

中国香港、中国台湾地区、新加坡、美国等地房屋权属关系较为明确，加之政府宣传引导有方，业主均较关注自身产权房屋的安全管理，维修资金投入的主动性较好，一般由产权人自筹支付包括安全管理在内的相关费用，资金来源主要是业主自有资金或申请的银行贷款和保险。同时均考虑到既有建筑安全相关费用的不确定性和数额较大的特点，个人业主往往难以承担，政府通常提供了补贴或银行低息贷款等方式，用以支持业主改善房屋安全状况。

对于政府产权的房屋，政府对其安全管理亦建立了完善的资金拨付与使用渠道，纳入年度财政开支范畴，主要来源于政府税收。

既有房屋维修经费来源具体内容见表 5.1-1。

既有房屋资金来源与保障			表 5.1-1
	中国香港	中国台湾地区	新加坡	美国

	中国香港	中国台湾地区	新加坡	美国
资金来源	政府财政拨款 低息/免息贷款 物业服务费 楼宇管理基金 保险 业主自筹	政府补贴 公共基金 公共意外责任保险 业主自筹	政府补贴 分期付款（类似于低息或免息贷款） 物业服务费 业主自筹	政府补贴 贷款 物业服务费 业主自筹
资金保障	政府给予详细全面的引导和协助，业主愿意主动出资维修自己的房屋	政府给予引导和协助	政府给予详细全面的引导和协助、业主由于市场调节而愿意主动出资维修自己的房屋	政府给予详细全面的引导和协助、业主由于市场调节而愿意主动出资维修自己的房屋

5. 政府在既有建筑维修改造中的作用

对既有建筑的安全、消防等进行监管，包括防震减灾、应急管理与日常安全管理。中国香港、中国台湾地区、新加坡和美国均设置专门的机构用于管理既有建筑，根据建筑物的权属类型进行分类指导。每一权属类型的建筑物全寿命周期管理通常由单一部门负责，业务包括投资规划、设计建造、使用阶段安全管理以及拆除的全部工作。在具体工作内容上，由于这些发达国家和地区的行业协会较为健全和成熟，政府积极动员行业协会的力量对房屋安全管理给予意见和建议，对业主参与房屋安全管理给予较多指导，因此政府部门的工作重心主要集中在政策制定、公共服务和宣传咨询等方面。具体内容见表 5.1-2。

政府机构设置和职责			表 5.1-2
	中国香港	中国台湾地区	新加坡	美国

	中国香港	中国台湾地区	新加坡	美国
政府机构	房屋署——公屋和商业建筑； 建筑署——政府的公共建筑设施； 屋宇署——私人楼宇	营建署； 县（市）政府下属工务局和都市发展局	建设局——私人房屋和基础设施； 建屋发展局——公屋； 市镇理事会——公屋的共有部位	联邦政府：住房和城市发展部——住宅和社区建设；服务总局和各地方分支机构（业主机构）——联邦公共建筑如政府建筑； 各州县政府（监管机构）：如房屋署
工作方式	各个部门分别管理某类建筑物的全寿命周期	一个部门管理既有建筑的全寿命周期（包括消防、防空设施）	各个部门分别管理某类建筑物的全寿命周期	各个部门分别管理某类建筑物的全寿命周期
工作内容	监督管理、审批、制定标准、行政处罚； 提供免费咨询服务、举办讲座、展览和研讨会、出版大量宣传手册和指南、具体实施检测和维修业务	监督管理、审批、制定标准、行政处罚； 出版宣传手册、具体实施部分检查检测业务	监督管理、审批、制定标准、行政处罚； 提供免费咨询服务、出版大量宣传手册和网上指南、具体实施和协助业主实施检测和维修业务	提供和维护既有建筑、提供租赁、买卖相关协助和宣传、实施或协调部分检查检测和维修业务、相关政策研究
机构分布	在全港各地均有分支机构、分布密度高、工作效率可与消防、公安部门媲美	由政府认可专业企业如各公共安全检查有限公司负责，分布密度非常高	在全国各地均有分支机构、分布密度非常高	在各市镇均有办事机构，分布密度高

续表

	中国香港	中国台湾地区	新加坡	美国
人员配备	雇用大量结构工程师和测量师，专业人员比例高	由各公共安全检查有限公司雇佣	雇用大量结构工程师和测量师，专业人员比例高	雇用大量结构工程师和测量师，专业人员比例高
业主	主动申请检测和维修自己的房屋；法律地位明确，职责清晰	全面负责、申请和组织各项管理活动；法律地位明确，职责清晰	主动申请检测和维修自己的房屋，接受法律的强制约束和市场的主动调节；法律地位明确，职责清晰	主动申请检测和维修自己的房屋；法律地位明确，职责清晰
相关机构	物业管理公司、政府认可的承包商；香港建筑师学会、香港工程师学会、香港测量师学会配合政府提供咨询和维修服务	物业管理公司；政府认可的承包商；各地建筑师公会、土木技师公会等	物业管理公司；政府认可的承包商；国家发展部下属新加坡建筑师委员会和新加坡专业工程师委员会	物业管理公司；由州政府认可承包商、注册建筑师、注册工程师，建筑物专业检测机构等；各类专业社会团体负责制定技术标准
资质管理	政府认可、由各学会具体负责	政府认可、由各公会具体负责	政府认可、由各委员会具体负责	由各学会具体负责组织，州政府认可

　　在既有建筑安全管理制度的发展与完善中将防震减灾内容作为发展和完善的重点，是制度设计中的应有之意。建筑物安全管理与防灾减灾作为城市防灾减灾计划与预案的基本单元，其功能的维持对区域乃至整个城市的防震减灾整体效果具有重要意义。在汶川地震发生之后，对国际上建筑物安全管理与防灾减灾能力提升的经验进行了跟踪分析。其中美国作为同样面临较多自然灾害的国家，其自然国情与我国类似，同时作为较为先进的发达国家，其在灾害防御方面经验较为丰富。

　　20 世纪 70 年代开始，美国的公共安全管理机构合并为一个，采用全面的准备、应对和恢复措施，面对所有可能发生的灾难。实践表明，无论哪种灾难，预防和应对都是基本的。如灾前的风险管理、预案编制、预报和预案；灾中的人员疏散与撤离、搜救与救援、食宿与保障等；灾后的恢复等均需要满足全危险方法的需求。美国政府通过成立联邦应急事务管理署，用以将分设的多个与灾害处置相关的机构职责合并到一起，统筹处理联邦应急事物。联邦应急事务管理署合并了国家消防局、国家气象服务与社区筹备计划局、住房与城市发展部的联邦保险局、联邦公共事务管理部的联邦筹备处和联邦灾害援助管理局等机构；国防部的民防机构的民防责任也被转移到新机构中。"9·11"事件后，联邦应急事务管理署进一步将其各类灾害防范的职能调整到全国性的防务和国土安全问题上。2003年 3 月，联邦紧急情况管理署与其他 22 个联邦局、处、办公室一起，加入了新成立的国土安全部。联邦应急事务管理署的主要任务是防备、应对灾害和灾后重建和恢复，以及减轻灾害的影响、降低风险和预防灾害等。具体工作包括：

　　（1）就灾害应急方面的立法建议和日常管理提出建议；

　　（2）教会人们如何克服灾害；

　　（3）帮助地方政府和州政府建立突发事件应急处理机制；

　　（4）协调联邦政府机构处理突发事件的一致行动；

（5）为州政府、地方政府、社区、商业界和个人提供救灾援助；

（6）培训处理突发事件的人员；

（7）支持国家消防服务；

（8）管理国家洪灾和预防犯罪保险计划等。

美国联邦应急事务管理局出版了一系列免费的风险管理指导手册，提供设计与管理指导以减轻多种灾害的潜在影响，见表 5.1-3。

美国联邦应急事务管理署建筑物应急指南　　　　　　　　表 5.1-3

指南编号	题目
FEMA 389	新建建筑地震风险业主与管理人沟通——设计师指导手册
FEMA 395	增强学校建筑抗震性能，保护人员与建筑
FEMA 396	增强医院抗震性能，保护人员与建筑
FEMA 397	增强办公建筑抗震性能，保护人员与建筑
FEMA 398	增强多层公寓抗震性能，保护人员与建筑
FEMA 399	增强商业建筑抗震性能，保护人员与建筑
FEMA 400	增强宾馆的抗震性能
FEMA 424	提高学校在地震、洪水和强风条件下安全性能设计指南
FEMA 433	使用 HAZUS-MH 进行风险评估指南
FEMA 452	安全评估：减少潜在针对建筑的恐怖袭击威胁
FEMA 454	设计抗震建筑：建筑师手册
FEMA 543	提高基础设施在洪水和强风条件下的安全性能设计指南，保护人员和建筑
FEMA 577	提高医院在地震、洪水、强风条件下的安全性能设计指南

该系列出版物根据建筑物的功能用途和所遭受灾害或突发事件风险时的内在反应机理划分类别。其目标是为了减轻各种灾害或突发事件对建筑物及其附属设施的结构构件和非结构构件的物理损伤，以及减轻由于化学、生物、爆炸等其他非传统安全因素所带来的人员伤亡。该系列指南的目标读者包括建筑师、工程师、业主以及州和当地政府官员。从建筑物功能上划分，该系列指南包括了学校、医院、办公建筑、多层公寓、商业建筑、宾馆等常见的建筑物功能类型。从建筑物本身抵抗外在风险的反应机理上划分，按照地震、洪水、台风等自然灾害及恐怖袭击等非传统安全风险进行划分。需要指出的是，这些指南并非只针对不同类型建筑物的设计与建造，而且提供了在建筑物使用阶段技术和管理上的指导与帮助。同时，美国联邦应急事务管理署编制了 HAZUS-MH 软件，用于提供给业主或专业管理部门用以评估地震情况下本地区既有建筑的安全风险。

需要指出的是，美国联邦应急事务管理署提供全面系统的建筑物在各种情况下的风险应对和应急管理措施，其出发点已非简单的保证建筑物安全，而是将这种理念通过建筑物安全管理和风险应对的普及传递给广泛的建筑物业主、承包商、政府官员和专业人士，由于业主身份和职业的广泛多样，促使这种安全观念更为全面地衡量包括建筑物在内的整体安全，这实际上提升和深化了整个社会对于危机和风险的认识程度。

此外，美国的行业协会也通过各种方式促进建筑物安全管理中防震减灾和应急管理的相关研究和推广工作。美国土木工程协会（ASCE）曾组织团队研究世界贸易中心和五角大楼的结构和因恐怖袭击而倒塌的问题，该协会的"灾难反映计划"包括其关键性基础结构相应计划（CIRI）和在线出版物：《基础结构弱点和最佳保护措施》，主要讨论了基础结构弱点和面对人为或自然灾害时如何减少损失的对策和方针。美国国际工业安全协会（ASIS International）提供安全方面的专业服务。美国工业安全协会致力于和包括建筑师、工程师在内的其他专业的合作，并将建筑安全和工程咨询作为针对保护建筑环境中的财产而进行的建筑、工程和技术整合设计的资源。建筑业主和管理国际协会（BOMA）代表了商业房地产行业，提供关于安全和工作场所紧急计划的研究成果。《房地产专业应急规划》提供了针对复杂的应急规划作出的逐步指导。

政府的另一项重要职能是在紧急状况发生时起到统一协调的作用，例如 2015 年 8 月 18 日，西班牙马德里一栋居民楼倒塌，马德里市政府反应迅速、措施得当，使事故得到妥善处理，同时在民众和媒体中树立了良好的形象。

表 5.1-4 汇总了中国香港、中国台湾地区、新加坡、美国政府部门在既有建筑维修、改造中的作用。

政府部门在既有建筑维修、改造中的作用比较　　　　表 5.1-4

	中国香港	中国台湾地区	新加坡	美国
政府在既有建筑维修、改造中的作用	香港作为人口稠密、寸土寸金的国际性大都市，由于经济利益的驱动和社会矛盾的交织，使得旧城改造面临不少困难。政府进行改造会遇到很大的阻力，花费很长的时间。香港特区政府通过成立"土地发展公司"方式进行。在香港进行旧城改造时，必须保障原物业业主和租户的利益不受侵害，尽可能通过谈判协商的方式收购业权。香港特区政府认为需要重整架构，对市区重建给予财政和行政支持，制定《市区重建局条例》，由市区重建局负责在发展区内收购物业，在必要的时候应向政府会同行政局建议收回发展区内的物业，并进行收地和拆除楼宇等。	区段征收，将某地区私有土地全部征收为公有，统一重新规划、整理后，再统筹分配与使用。市地重划，实现改造旧市区和开发新市区，保留公共设施用地的前提下，将重划土地合理地分配给原土地所有权人，由他们依照城市规划自行建筑房屋或作其他使用。同时，加强协议合建、联合开发。	新加坡的专项维修资金管理，实行与物业管理相分离的模式。物业管理公司不直接参与维修工程，只负责制定年度维修保养计划和招投标工作。设施设备的维修，由设施管理理事会负责。新加坡法律规定，由业主管理委员会自治，业主负有公共部分和公共设施设备维护的法律责任。新加坡专门设立了建筑总监，以敦促住宅公共部分的维修养护。新加坡不需要预留住宅专项维修资金。但公共部分和公共设施设备如需要维修，经 50% 以上业主同意，可以向所有业主收取。新加坡通过设立专门的机构实现对城市更新改造和建设，包括资金筹措与使用。	美国是通过业主理事会方式实现对物业维修和管理，维修工作的预算和先后顺序由理事会决定，由物业经理来执行此工作。美国的公共开发制度强调国家开发、公共开发。"城市更新"主要由公共机关主办的开发公司进行。

5.1.3　国外和中国香港建筑拆除经验和做法

1. 拆除的法律法规

在建筑拆除方面，美国的法律有重要空间法、公共规划和住房、区域规划法；德国有空间秩序法、州区域规划法；日本有都市计划法、国土利用计划法；法国有城市规划法、建筑和住宅总法典、城市规划保护法。通过分析发达国家和地区与建筑拆除相关的法规，可见各国非常重视城市规划法规体系的全面性、法律效力以及规划的严肃性，严格建筑拆除管理。

美国在建筑拆除法律方面更加完善。在建筑拆除过程中，美国将专门针对建筑物拆除的法律提升到基本法律层面，与其他的管理条例和管理办法相比，更强调其严肃性和强制性；在法律中明确规定可拆除建筑的条件和拆除的正当程序；在确定拆除主体方面也明确规定"规划局是建筑拆除的主体部门"。在申请拆除过程中要向有关部门提供房屋建筑与结构图纸，同时建筑拆除有明确的拆除期限，逾期后，需要重新进行审批，以保证拆除的规范性。

法国在规划和建筑拆除方面也非常具有代表性。巴黎的《城市规划保护法》是世界上最全面、最严格的城市建设法律体系之一，大到对巴黎城区的城市布局、用地规划、交通组织与分区规划、城市设计原则，小到对城市规划控制指标和参数，都作了相当详细的规定。尤其对旧城区和古建筑的保护管理精细到了严苛的程度，如规定建筑外立面不允许私自改动、必须定期维护修缮等。其全面性、系统性和细致程度都值得国内在制定政策方面的借鉴。

澳大利亚制定了《澳大利亚建筑拆除标准》，要求城市建筑拆除，必须具备现场调查报告、工作计划、垃圾处理计划、现场布置安排等；设立了建筑拆除委员会，对建筑的拆除进行审批，有效防止了大拆大建的城市发展模式。

2. 拆除的审批程序

发达国家和地区不仅拥有健全的建筑拆除法律法规体系，还在审批过程有明确的规定，当然，不同国家的审批程序和环节各不相同。

苏格兰的建筑拆除管理部门为城市规划部门，建筑拆除管理包括以下内容：①房屋出现质量问题；②优先采取技术维护，实现功能恢复；③维护失效，向城市规划局申请拆除该建筑；④提供有关部门出示的房屋状况；⑤专业机构提供的拆除建议书；⑥提供房屋维修费用；⑦提供房屋价格评估报告。

以色列有专门的政府拆迁部门，拆除审批方法包括以下内容：①业主申请房屋拆除；②市政法律顾问参与建筑拆除审批；③政府检测机构评估建筑拆除合理性；④政府机构征收高额拆除补偿费用；⑤城市工程师协会指导拆除流程和现场作业。

中国香港由市政府负责建筑拆除，拆除审批事项包括以下内容：①进行详细调查；②评估建筑的使用功能和结构功能；③提供结构功能计算书；④提供建筑使用安全性报告；⑤审核意见。

5.1.4 发达国家或地区全寿命周期管理的经验

工程项目全寿命周期管理起源于英国人 A. Gordon 在 1964 年提出的"全寿命周期成本管理"理论，建筑物的前期决策、勘察设计、施工、使用维修乃至拆除各个阶段的管理相互关联而又相互制约，构成一个全寿命管理系统，为保证和延长建筑物的实际使用年限，必须根据其全寿命周期来制定质量安全管理制度。

1. 全寿命周期管理的特点

（1）全寿命周期管理是一个系统工程，需要系统、科学的管理，才能实现各阶段目标确保最终目标，实现投资的经济、社会和环境效益最大化。

（2）全寿命周期管理贯穿于建设项目全过程，并在不同阶段有不同的特点和目标，各阶段的管理环环相连。

（3）建设项目全寿命周期管理既具有阶段性，又具有整体性，要求各阶段工作具有良好的持续性。

（4）全寿命周期管理的参与主体多，并相互联系、相互制约。

（5）全寿命周期管理的复杂性，由建设项目全寿命周期管理的系统性、阶段性、多主体性决定。

2. 中国香港全寿命周期管理的经验

建筑物的质量安全与建筑物全寿命的各阶段（前期决策、规划、开发方案、设计与施工验收）是密切相关的，既要抓"先天是否不足"，又要监督"后天是否失调"。香港特区建筑物质量安全管理有以下几个特点：①管理以法律为准绳；②预防胜于治疗的指导思想；③政府严格管理与社会积极参与的机制贯穿于建筑物的全寿命各个阶段。香港特区政府制定了有关法规和条例，进行严格管理，违法必罚，但每项法规和规定实行前，都要认真广泛征求和咨询包括市民在内的社会有关各方的意见，几经修改，才会发布执行；④有效的组织机构和管理机制；⑤编制与法规条例配套的执行细则和指南，为了积极引导业主和社会重视，实施建筑物的维修法规的施行只靠强制命令是不成的，要让全社会都认识到，为什么要维修建筑物，怎样去维修；⑥重视环保，节能及可持续发展。

3. 新加坡全寿命周期管理的经验

新加坡非常重视在役建筑物的管理，建屋发展局在每栋建筑楼宇都设有办事处，派专人管理，包括维修、庭院绿化和环境卫生，以确保楼宇的质量安全。建屋发展局每 7 年对建筑外墙进行粉刷，改善各种设备，以改善和提高建筑的质量和安全。此外对私人楼宇同样有类似的管理法规和维修服务机制。新加坡的法律中有建筑管理法，其内容包括建筑工程管理，危险建筑物，在役建筑物检测等几个部分。其中，建筑工程管理部分对建筑工程设计、施工的审批许可，资格人员的资质、职责，建造人和现场监督人任命和职责，建筑犯罪、资金、上诉等作了具体规定。在役建筑物检测部分则规定新加坡的建筑物除临时建筑物、独立和半独立住宅外，都要进行强制性的每隔 5 年（住宅建筑）到 10 年（非住宅建筑）的定期检测，以及违反规定的罚款数额和承担检测的结构工程师的资格与职责。

4. 美国全寿命周期管理的经验

美国的财产法、侵权法与合同法是美国司法的三大制度，财产法中的不动产法对不动产的权益、转让、使用和维修的规定极为详尽，在役建筑工程的管理强调依法管理。美国采取由 50 个州组成的联邦制，各州的历史沿革、民族构成、地域色彩，甚至法律体系都有差异，每个州或市有自己的法规，如西雅图市有西雅图住宅和建筑物维护规范等。

5.2　我国既有建筑管理的现状

当前我国既有建筑管理中所面临的部分问题在发达国家或地区房屋安全管理的发展过程中也曾不同程度地出现，如建筑物耐久性的技术问题、日常使用管理的业务缺失问题等，但由于自然国情、社会制度和发展状况的差异，既有建筑管理中的一些问题是中国国情下所特有的。其中，自然国情包括自然灾害频发、环境压力巨大，社会制度和发展状况的差异，包括如房屋产权改革带来的业主责任变化、城乡二元管理模式等。在制度建立和发展的过程中，其主要的出发点应该是我国的国情，具体包括自然国情、社会国情和经济国情，是各级建设与房地产主管部门、业主等在当前实际工作中遇到问题的集体归纳、总结与提升。

我国既有建筑的结构类型、功能、产权状况随着经济发展发生了巨大变化。这些变化给建筑物的日常使用安全管理带来了新的技术上、管理上的挑战。建筑物结构类型的变化使得建筑物使用过程中的监测、检测、鉴定技术越来越多样化，超高层、超大跨的结构类型不断增多，使用过程的安全管理日益重要。在功能上，大型超大型公共建筑的人员密集效应日益凸显，在使用过程中的安全管理与突发事件防范日益重要。建筑物产权由过去的单一国有到现在的多样化，不同产权模式下的管理方式也在发生着变化。

总体而言，我国既有建筑管理制度的问题症结并非由于职能缺失而带来的工作缺失，而是由于没有真正用"全寿命""可持续"和"以人为本"等新的理念来指导既有建筑管理工作的发展与创新。这是由管理制度相对时代发展的滞后性而决定的，同时也与我国业已长期存在的"重建设、轻使用、重数量、轻质量、重建设、轻管理"的思想有关。既有建筑管理表面上的投入与产出相比于与大量基本建设投资所带来的 GDP 提升和就业岗位增加，显得不受重视。

建筑物日常使用阶段的问题逐步显露，但与人民生产生活至关重要的建筑物使用阶段的安全评定至今仍只是由《城市危险房屋管理规定》及相应很少的技术规范和鉴定标准来进行指导，对建筑物日常使用管理至关重要的物业服务企业的业务要求尚停留在仅完成与业主合同约定的事宜，主要为物业区内绿化、保安等服务性工作，而恰恰忽视了对物业最核心的房屋状况的检查和维护。政府主导的"抢危补破"为主的房屋安全管理工作，具有被动维持性和低效率水平的特点，这一方面致使大批进入维修改造高峰期的建筑物因缺乏及时维修而加速损坏，另一方面新建建筑物因缺乏必要的计划保养而提前进入衰老期。针对以上情况，系统地对我国当前既有建筑管理现状进行回顾和分析，梳理当前既有建筑管理制度层面的不足，有助于将对建筑物安全管理的认识提升到更高层次来分析和应对系统问题。

下面从法律、法规、机构设置、资金来源几方面对我国目前既有建筑管理的现状加以回顾和总结。

5.2.1　法律

我国现行的与既有建筑管理相关的建设法律主要为《中华人民共和国物权法》、《中华人民共和国建筑法》和《中华人民共和国城市房地产管理法》。

1. 物权法

《物权法》于 2007 年 10 月 1 日开始施行。《物权法》在我国历史上第一次以民事基本法的形式对物权法律制度作出了安排，从而全面确认了公民的各项基本财产权利，为公民的基本人权保障和创建法治社会奠定了基础。

所谓物权，是指权利人依法对特定的物享有直接支配和排他的权利，包括所有权、用益物权和担保物权。物权是与债权相对应的概念。其中，所有权是物权的核心和行使用益物权与担保物权的基础，是民事主体依法对其物实行占有、使用、收益和处分的权利。

　　《物权法》第二编"所有权"规定了所有权的一般概念、所有权的种类、业主的建筑物区分所有权、相邻、共有和所有权的取得。其中，"业主的建筑物区分所有权"这一概念来源于日本民法的称谓，"区分"一词相当于汉语中的"分类"或"划分"。这种权利的特点主要为：首先，该概念明确了这种所有权的主体是业主，而区别于承租人、借用人或管理人，后者并不是所有权人，只能称作"占有人"；其次，该概念明确了这种所有权是由业主享有的专有部分的所有权、共有权和共同管理权三项权利所组成的复合权利；最后，该概念明确了这种所有权的客体是住宅和经营性用房，因此这种权利适用于本文所称的既有建筑。

　　业主的建筑物区分所有权理论是制定管理制度的重要基础，是房屋管理责任划分的主要依据。《物权法》是《物业管理条例》的上位法律之一。

2. 建筑法

　　《建筑法》于 1998 年 3 月 1 日开始施行。《建筑法》第一条规定：《建筑法》的目的是加强对建筑活动的监督管理，维护建筑市场秩序，保证建筑工程的质量和安全，促进建筑业健康发展。因此，《建筑法》主要针对建筑工程在施工阶段的管理。与既有建筑管理相关的主要为针对拆除的安全管理（第五十条）以及质量保修和质量管理（第六十、六十二、六十三、八十条）。根据《建设法律体系规划方案》，《建筑法》本身本不应直接承担规范既有建筑管理活动的作用，但由于建筑工程在施工阶段的管理水平直接影响其实体质量和寿命，因此《建筑法》的"建筑许可""建筑工程发包与承包""建筑工程监理"和"建筑工程质量管理"各章的相关条文在《建筑法》修订时应进一步强调这种影响，建立从建筑物全寿命周期的高度进行管理的理念。

3. 城市房地产管理法

　　《城市房地产管理法》于 1995 年 1 月 1 日开始施行。《城市房地产管理法》第二条规定：《城市房地产管理法》适用于房地产开发、房地产交易和房地产管理。其中，房地产开发是指基础设施和房屋的建设行为，与《建筑法》的适用范围基本一致，但该法主要针对开发过程中的经济管理；房地产交易是指房地产的转让、抵押和房屋租赁，适用范围虽然是在建筑物使用阶段内，但针对的也是交易过程中的经济行为；该法所称房地产管理，实际仅指房地产权属登记管理，并且仅规定了房屋在建成、转让、变更、抵押时应予以登记，内容较为笼统。关于建筑物登记的主体、客体、内容、程序、机构和费用等内容的具体规定应根据《物权法》第二章"物权的设立、变更、转让和消灭"执行。《物权法》第六条规定：不动产物权的设立、变更、转让和消灭，应当依照法律规定登记。因此，产权登记是确定既有建筑业主的唯一途径，是既有建筑管理制度的重要基础。

　　我国目前侧重建筑工程施工阶段相关的立法工作，而对既有建筑的管理与拆除管理方面仍有较大空白，亟待制定法律和行政法规。

5.2.2　行政法规

1. 概述

　　建设行政法规是指由国务院依法制定和颁布的属于国务院建设行政主管部门业务范围内的各项行政法规。

　　建设行政法规是各项建设法律的下位法规，根据建设法律制定，是建设法律内容的细化和补充，但也有部分原则性的规定，可以授权和约束地方法规规章制定相关内容。建设行政法规通常称为"条例"。

我国现行的与既有建筑管理相关的建设行政法规主要为《城市市容和环境卫生管理条例》、《住房公积金管理条例》、《物业管理条例》、《特种设备安全监察条例》和《国有土地上房屋征收与补偿条例》（原《城市房屋拆迁管理条例》）。此外，《城市房地产开发经营管理条例》和《建设工程质量管理条例》尚有少量关于商品房和建设工程质量保修的条款。

目前我国在城乡规划、勘察设计、施工和交易这四个阶段都有比较完整的一、两部建设法律或行政法规，分别是《城乡规划法》（城乡规划）、《建设工程勘察设计管理条例》（勘察设计）、《建筑法》、《建设工程质量管理条例》和《建设工程安全生产管理条例》（施工）、《城市房地产管理法》和《城市房地产开发经营管理条例》（开发、交易和权属管理），再辅以其他相关行政法规的相关条款，法律法规体系已经比较成熟。尽管在既有建筑使用和拆除这两个阶段的相关内容散见于《建筑法》（建筑物保修和拆除安全管理）、《城市房地产管理法》（房地产权属登记）和《物权法》（业主的建筑物区分所有权）3部法律和《物业管理条例》等6部行政法规的部分条文中，而且规划中的《住宅法》也有城乡住宅管理和维修的相关内容，但总体而言这些法律和行政法规实际还相当薄弱，远远不能满足解决现有问题的需要。

我国现行的与既有建筑管理相关的各项行政法规除了上述缺陷外，还存在以下具体问题：①内容片面，只规定了某一方面的内容，如《特种设备安全监察条例》仅规定了电梯的检测与维修；②不够详细，如《城市市容和环境卫生管理条例》关于建筑物外立面的市容保洁没有下位建设部门规章的支持，显得过于原则而缺乏可操作性；③缺乏修订；④自相矛盾，这在建设部门规章中比较明显，如1992年7月施行的《公有住宅售后维修养护管理暂行办法》第十一条规定，凡需要对住宅进行中修以上的，应当依照《城市房屋修缮管理规定》执行，而《城市房屋修缮管理规定》已于2004年7月废止，前者条款至今没有其他处理办法，使得既有建筑的实际维修工作缺乏依据。

2. 城市市容和环境卫生管理条例

《城市市容和环境卫生管理条例》于1992年8月1日开始施行。与既有建筑管理相关的主要为建筑物临街外立面的保洁（第九、十、十七条）和大型户外广告牌等的维护（第十一条）。由于该条例制定时间较早，内容还带有比较强的计划经济色彩，主要体现在不应由政府管理的内容规定得过于具体，不利于市场调节，例如第十七条规定在建筑物上张贴宣传品需经政府批准，现在看来显然不一定必须全部由政府统一管理；而涉及公共利益的、应由政府强制管理的内容例如户外广告的定期维修、油饰或者拆除（第十一条）则缺乏相关下位建设部门规章的支持，没有解决维修主体、维修周期和维修资金来源等关键问题。尽管该条例的上述内容显得较为粗糙，但其能够在历史上较早地提出涉及公共安全的建筑物及其附属设施应当予以定期维护和重点管理，为后续法律法规的制定开拓了思路。

3. 住房公积金管理条例

《住房公积金管理条例》于1999年4月3日开始施行，并于2002年3月24日修改。与既有建筑管理相关的主要为规定了职工住房公积金账户内的存储余额可以用于房屋大修（第五、二十四、二十六条），是住宅建筑维修的资金来源之一。

4. 物业管理条例

《物业管理条例》于 2003 年 9 月 1 日开始施行，并于 2007 年 10 月 1 日修改。该条例是物业管理行业第一部完整的法规，对规范行业主体行为和各项管理活动具有里程碑式的意义，随着《物业管理条例》的上位法律《物权法》的施行，该条例作了相应修改。该条例全文与既有建筑管理均直接相关，规定了业主、业主大会、业主委员会、物业服务企业各自的责任内容，特别是规定了物业日常使用、维修内容和维修资金来源等内容。

《物业管理条例》涉及的内容本身较为完善，但该条例还有若干问题没有解决：既有建筑的检测鉴定专业性较强，需要由独立机构和人员进行，特别是既有建筑的大中修通常应当以检测鉴定的结论为依据，而物业服务企业限于其责任内容和专业水平，一般无法承担此工作，需要作出规定；根据《住房公积金管理条例》中的规定，住房公积金也可用于既有建筑大修，其与维修资金的关系也需要进一步明确；根据《建设工程质量管理条例》，施工单位应当履行保修义务，而《物业管理条例》规定建设单位应当承担保修责任，两部行政法规应当如何衔接，该条例没有额外规定；既有建筑管理工作的程序、内容还有待进一步明确。

5. 特种设备安全监察条例

《特种设备安全监察条例》于 2003 年 6 月 1 日开始施行。与既有建筑管理相关的主要为关于电梯生产、日常使用和检测检验的条款。该条例详细规定了电梯的生产许可、生产和管理人员资质、质量和安全保证、档案管理、保养周期和内容、相关技术标准、日常使用管理、隐患排查、检测机构资质要求等。

该条例的整体架构清晰，符合人们通常的逻辑思维顺序；涉及的内容全面；条款详略程度适当，既比《安全生产法》具体，具有较强的可操作性，又将不必要在行政法规中规定的具体内容下放至部门规章和地方法规规章这一层面；同其他行政法规、部门规章和技术标准也能充分衔接，是与既有建筑管理相关的行政法规中比较完善的一部。尽管其只同电梯相关，但仍可作为设计既有建筑管理制度和起草《条例（建议稿）》的重要参考。

6. 城市房地产开发经营管理条例和建设工程质量管理条例

《城市房地产开发经营管理条例》于 1998 年 7 月 20 日开始施行。该条例的主要内容虽然是根据《城市房地产管理法》规定的房地产开发企业、房地产开发建设与经营的相关内容，但其首次提出了两个关键概念：住宅质量保证书和住宅使用说明书，这是由房地产开发企业向业主提供的文件，是既有建筑管理中的日常管理和维修环节的重要依据。原建设部据此发布了《建设部关于印发〈商品住宅实行住宅质量保证书和住宅使用说明书制度的规定〉的通知》（建房〔1998〕102 号），作为该条例的配套文件于 1998 年 9 月 1 日开始施行。

《建设工程质量管理条例》于 2000 年 1 月 10 日开始施行。该条例在第六章规定了建设工程质量保修的相关内容，共四条。该条例规定施工单位应当向建设单位出具质量保修书，并承担保修责任，因此，既有建筑出现质量问题后，在保修期内应由业主通过建设单位向施工单位提出维修要求。该条例还规定了建筑物部分项目的保修期限和超过保修期后的维修办法。

对我国现行的与既有建筑管理相关的各项建设行政法规的概况、特点和不足之处分析汇总情况见表 5.2-1。

既有建筑管理相关建设行政法规现状分析　　　　表 5.2-1

管理内容＼管理业务	日常使用	检测鉴定	维修加固	拆除
责任人	业主（出租人）、承租人物业服务企业	仅针对电梯的使用单位	业主（出租人）	无
管理项目	物业管理服务外立面保洁（较简略）承租人的日常使用	仅针对电梯	保修内容和期限广告牌等的维修	无
程序	无	仅针对电梯	无	无
周期	无	仅针对电梯	无	无
机构	物业服务企业	仅针对电梯日常维护保养和检验检测机构	建设单位、施工单位、市政工程单位物业服务企业业主大会和业主委员会	无
人员	物业服务人员	仅针对电梯的检验检测人员	物业服务人员	无
资金	物业服务费	无	住房公积金（用于住房专有部位大修）专项维修资金（用于保修期满后共有部位大中修）出租房屋维修资金（较简略）	无

需要强调的是，拟提议制定的《既有建筑安全管理条例》是我国既有建筑管理制度的主要依据，但不是唯一依据，应将《条例》定位为补充和完善现行相关建设行政法规的缺漏和不足之处，整合现行的法律法规、机构、人员、技术和资金等资源，实现优化既有建筑管理的目的。现行的各项建设行政法规应与其配合使用。

5.2.3　部门规章

1. 概述

建设部门规章是指由国务院建设行政主管部门根据国务院规定的职责范围，依法制定并颁布的各项规章，或由国务院建设行政主管部门与国务院其他相关部门联合制定并颁布的规章。

建设部门规章的内容相对于建设行政法规更加具体，例如建设法律中的一条内容可能在建设行政法规中细化为一章，而在建设部门规章中则细化为完整的一部规章。建设部门规章的适用范围通常比较狭窄，内容具体而避免原则性的规定，具有较强的可操作性，可以直接用于指导各项管理工作，与地方法规规章的法律地位平等，二者无授权与被授权的关系。建设部门规章通常称为"管理办法"或"管理规定"，篇幅比建设行政法规少。

我国现行的与建筑物管理相关的建设部门规章可以分为综合管理、权属管理、维修管理、档案管理、专项管理、拆除管理和资质管理等方面。这些规章均是各项行政法规的下位部门规章，是制定《条例（建议稿）》的重要依据之一。

2. 综合管理

《城市危险房屋管理规定》于 1990 年 1 月 1 日开始施行，并于 2004 年 7 月 20 日修改。该规定专门针对危险房屋这种特殊情况下的鉴定和维修加固进行规定。该规定的鉴定程序和鉴定费用比较具体，而未规定鉴定内容、周期和鉴定机构和人员的资质管理，也没有体现通过日常维护和保养以及在施工阶段加强质量管理以避免出现险情的思想。关于危险房屋的维修加固的费用问题，该规定提出了贷款的途径，受当时行业发展的限制，保险尚未纳入规定范围内。维修程序也较为简略。

3. 权属管理

《城市房屋权属登记管理办法》于 1998 年 1 月 1 日开始施行，并于 2001 年 8 月 15 日修改。该规定是《城市房地产管理法》的下位规定，是专门针对该法第五章"房地产权属登记管理"的详细规定，主要内容为登记程序、内容、权属证书等。《房屋登记办法》经过 2007 年夏的广泛征求意见，于 2008 年 7 月 1 日开始施行，该办法包括登记程序、所有权登记、其他权利登记等内容，是配合《物权法》的施行制定的一部内容详细具体、可操作性强的建设部门规章，该办法开始施行后，《城市房屋权属登记管理办法》即予废止。

4. 维修管理

《房屋建筑工程质量保修办法》于 2000 年 6 月 30 日开始施行。该规定是《建设工程质量管理条例》的下位规定，是专门针对该条例第六章"建设工程质量保修"的详细规定，主要内容为保修期限和保修责任等。该规定存在的主要问题是保修责任可能无法落实，如第十条规定：保修由"原工程质量监督机构负责监督"；第十二条规定：施工单位不按工程质量保修书约定保修的，建设单位可以另行委托其他单位保修，由原施工单位承担相应责任。而施工单位和监理单位可能在实施保修前因各种原因解体，该规定没有说明此种情况下的解决办法。此外，保修费用的分摊也规定得比较简略。

《公有住宅售后维修养护管理暂行办法》于 1992 年 7 月 1 日开始施行。该规定的制定时间较早，部分条文较为陈旧，例如第十一条规定：凡需要对住宅进行中修以上的，应当依照《城市房屋修缮管理规定》执行。而后一规定已经于 2004 年 7 月 4 日废止；该规定开始施行时物业管理在我国刚刚起步，相关内容也没有得以体现。该暂行办法的大部分内容与《物业管理条例》和《房屋建筑工程质量保修办法》重叠，应当尽快废止。

《住宅专项维修资金管理办法》于 2008 年 2 月 1 日开始施行。该规定是《物业管理条例》的下位规定，主要内容为住宅专项维修资金的交存和使用。其中，资金的分摊、使用程序、使用限制等的规定非常详细具体，可操作性强，住宅的检测鉴定费用和公共建筑与工业建筑的管理费用均可参照该规定制定。

5. 档案管理

《城市房地产权属档案管理办法》于 2001 年 12 月 1 日开始施行。该规定是《城市房地产管理法》和《档案法》等法律的下位规定，主要内容为相关档案的收集、管理和利用。档案是建筑物管理的重要内容，房地产权属档案是建设档案的一种，实现像"管理汽车一样管理房屋"的目标，档案管理是关键环节。

《城市建设档案管理规定》于 1998 年 1 月 1 日开始施行，并于 2001 年 7 月 4 日修改。该规定是《档案法》和《建设工程质量管理条例》等法律法规的下位规定。该规定的适用范围较广，包括各类建筑物、各类基础设施工程、风景名胜建设工程和军事工程等在内的各类城市建设工程；归档内容较为丰富，各类城市建设工程的技术和管理档案以及相关政策法规等文件和科研成果都在归档范围内。该规定对档案的收集、管理和利用程序规定得较为简略。

6. 专项管理

《城市房屋白蚁防治管理规定》于 1999 年 11 月 1 日开始施行，并于 2004 年 7 月 20 日修改。该规定的地域性比较强，主要针对南方白蚁灾害比较严重的地区。针对某种特定的自然灾害的部门规章目前尚不多见，该规定在我国建筑物管理法律法规体系中具有鲜明的个性，丰富了体系的内容。

《既有建筑幕墙安全维护管理办法》于 2006 年 12 月 5 日开始施行。该规定主要针对建筑幕墙在使用阶段的安全管理，主要内容为日常使用、维修、鉴定等各项管理业务。该规定虽然是部门规章，但其整体架构和各章的具体内容比较完整，思路清晰，包括了各项管理活动的实施条件、内容、程序、责任人和责任内容等，是一部比较完善的建设部门规章，具有很大的参考价值。建筑幕墙是关系到公共安全的建筑部件，也是建筑物管理制度关注的重点。

7. 拆除管理

《城市建筑垃圾管理规定》于 2005 年 6 月 1 日开始施行。该规定是《城市市容和环境卫生管理条例》的下位规定，包括了因建筑物拆除产生的废弃物的倾倒、运输、中转、回填、消纳、利用等处置活动。建筑垃圾是既有建筑拆除后的最终归宿，建筑垃圾管理是既有建筑管理的最后一个阶段，这个阶段在很长一段时间内没有得到足够重视，该规定的施行有利于既有建筑的拆除工作得以圆满完成。该规定提出了建筑垃圾的二次利用的理念，第四条第二款规定：国家鼓励建筑垃圾综合利用，鼓励建设单位、施工单位优先采用建筑垃圾综合利用产品。这一款虽然规定得比较原则，并且在工程实际中，基坑肥槽回填土掺杂大量建筑垃圾的情况仍屡见不鲜，但从可持续发展的高度，建筑垃圾的二次利用是发展趋势。

8. 资质管理

《物业服务企业资质管理办法》于 2004 年 5 月 1 日开始施行，并于 2007 年 11 月 26 日修改。该规定是我国现行的与既有建筑管理直接相关的建设部门规章中唯一一部资质管理办法，设定了三级物业服务企业资质，并规定了具体资质标准、审核、经营范围、资质证书管理等内容。该规定与《物权法》、《物业管理条例》一起成为我国物业管理行业的法律法规体系的核心。资质管理的内容目前在建设部门规章这个层面还有较大空白，亟需尽快制定从事既有建筑其他管理活动的企业与从业人员的资质管理办法。

我国现行与建筑物管理相关的各项部门规章尚有不足之处：

（1）从规章内容角度，随着经济体制改革的深化、行业的不断发展和上位法律法规的变动，部分规章已显过时。

（2）从执行角度，一些规章的可操作性还不强，特别是管理程序规定得不够细致具体。

（3）从规章配合角度，还存在着不同规章对同一管理业务赋予不同责任主体的情况，从而在实际工作中容易造成互相推诿，个别规章的适用范围有所重叠。

（4）从规章体系角度，从事相关管理活动的企业和人员的资质管理办法尚有较多空白，使得相关工作不便有效开展。

5.2.4　地方法规规章

地方建设法规是指在不与宪法、建设法律、建设行政法规相抵触的前提下，由省、自治区、直辖市人大及其常委会制定并发布的建设方面的法规，包括省会（自治区首府）城市和经国务院批准的较大的市人大及其常委会制定的、报经省、自治区人大或其常委会批准的各种法规。地方建设规章是指省、自治区、直辖市以及省会（自治区首府）城市和经国务院批准的较大的市的人民政府，根据建设法律和建设行政法规制定并颁布的建设方面的规章。地方建设法规是建设法律、建设行政法规和建设部门规章的补充，如果地方政府认为中央政府颁布的法律法规可以用于指导本地实际工作，也可以不制定本地区的法规规章。

地方建设法规和地方建设规章仅在其行政区域内有法律效力，为了叙述方便，统一称为地方建设法规规章。地方建设法规规章是我国建设法律法规体系中非常重要的组成部分，因为我国幅员辽阔，各地自然环境和经济发展水平极不平衡，建设法律与建设行政法规只能在全国范围内制定相对比较原则的规定，而真正能指导实际工作的，除了建设部门规章外，只有各地根据自身实际情况因地制宜制定的地方建设法规规章，如果这部分立法工作不能紧密配合经济发展，势必造成无法可依的局面。地方建设法规规章的法律地位与建设部门规章相同，详细程度与可操作性与后者也大致相同。地方建设法规通常也称为"条例"，地方建设规章通常称为"管理办法"或"管理规定"。

各地在近十几年来制定的大量既有建筑管理相关的地方建设法规规章。主要集中在以下几个领域：

（1）权属登记。房地产权属登记是既有建筑管理的初始环节之一，深圳市在这方面同样走在了各地前列，由深圳市人民代表大会常务委员会制定的《深圳经济特区房地产登记条例》于 1993 年 7 月 1 日开始施行，这是我国历史上最早的一部房地产权属登记地方法规，当时我国还没有相关专门的行政法规和部门规章，只是在《国务院城市私有房屋管理条例》（已废）第二章"所有权登记"中对此有所规定，深圳市较早地规范了房地产登记管理活动，积累了大量经验。

（2）拆迁管理。拆迁管理地方法规规章同物业管理一样，也基本在各地全面完成了初步立法工作，广东省人民政府在国内率先制定了《广东省城市房屋拆迁管理规定》，于1993 年 9 月 3 日开始施行。

虽然各地制定了一些既有建筑管理相关的地方建设法规规章，但同既有建筑管理制度繁杂的内容相比仍显得非常薄弱，主要体现在既有建筑检测鉴定和维修加固方面各地均缺乏相关法规规章，这一方面是由于国务院没有施行相关行政法规，各地的立法工作缺乏依据，一方面也是因为在经济快速发展的东部沿海地区"重建设，轻管理"的思想还比较严重，而在经济相对落后的中西部地区因为人员、技术、资金等资源匮乏，还无力关注既有建筑的管理。

具体到各个地区，既有建筑使用安全管理的地方行政立法工作进展不一。在房产管理经验较为丰富的城市，地方房屋安全管理的立法工作均已展开。目前已有 64 个城市出台了城市房屋安全管理的相关法规或管理办法，如《天津市房屋安全使用管理条例》、《石家庄市房屋安全管理办法》、《哈尔滨市城市房屋安全管理办法》、《长春市城市房屋安全管理条例》、《武汉市房屋安全管理办法》、《宁波市城市房屋使用安全管理条例》、《贵阳市房屋使用安全管理条例》等。地方性法律法规的出台，从一定程度上规范了房屋使用过程中的安全管理、装修改造、鉴定等行为，促进了当地房屋安全水平提升。但同时，地方性法律法规也存在局限性。选取部分城市出台的内容相对全面、较具代表性的地方性法规，对其中关于房屋安全管理主管部门、使用范围等内容进行比较，见表5.2-2。

地方房屋安全立法主管部门与适用范围　　表 5.2-2

名称	主管部门	适用范围					颁布时间
		使用	修缮	装修改造	鉴定	危房	
吉林市城市房屋安全管理条例	房地产行政主管部门			√	√	√	2002
石家庄市房屋安全管理办法	房产管理局	√			√	√	2003
西安市城市房屋使用安全管理条例	房屋行政主管部门	√			√	√	2004
天津市房屋安全使用管理条例	房屋管理局	√	√	√	√	√	2006
杭州市城市房屋使用安全管理条例	房产行政主管部门			√	√	√	2006
无锡市城市房屋安全管理条例	房产行政主管部门	√		√	√	√	2007
宁波市城市房屋使用安全管理条例	房产行政主管部门	√		√	√	√	2008
北京市房屋建筑使用安全管理办法	房地产行政主管部门	√	√	√	√	√	2011
成都市房屋使用安全管理条例	房地产行政主管部门	√	√	√	√	√	2011
苏州市房屋使用安全管理条例	房地产行政主管部门	√	√	√	√	√	2012
贵阳市房屋使用安全管理条例	房地产行政主管部门	√	√	√	√	√	2012
郑州市房屋安全管理办法	房地产管理部门	√	√	√	√	√	2012
南京市城市房屋安全管理条例	房产行政主管部门	√	√	√	√	√	2012
重庆市城镇房屋使用安全管理办法	房地产行政主管部门	√	√	√	√	√	2015
青岛市房屋使用安全条例	房地产行政主管部门	√	√	√	√	√	2015
海口市房屋安全管理条例	房地产行政主管部门	√	√	√	√	√	2015

从以上地方性法规或管理办法的对比分析中可以看出，目前地方房屋安全管理的主管部门一般为房地产行政主管部门，在法规内容的全面性上看，只涵盖竣工交付后的既有房屋的安全管理，即使这样，在内容的全面性上也不尽相同。颁布时间较晚的地方法规，如2011年后颁布的北京市、重庆市和武汉市房屋安全相关法规，其内容涵盖了房屋使用、修缮、装修改造、安全鉴定和危房处理等房屋安全管理工作，而之前较早颁布的其他地方性法规和管理办法，其基础往往是原建设部 2004 年对《城市危险房屋管理办法》进行修订之前的危险房屋相关管理要求和装饰装修的有关规定，主要关注内容尚停留在安全鉴定、危房处置和装饰装修等方面，对日常使用和维护修缮的要求均较少。

现有地方性法规的出台是基于对房屋安全普查后对于存在的安全隐患和问题制定的，并未进行全面分析和研究其可操作性；缺乏全面性和有效性，对规划、建设、城市管理等部门的协调和配合规定较少；立法依据主要为《城市危险房屋管理办法》及各地区实际工作经验，未考虑勘察、设计、施工等全寿命各阶段。

以下针对北京、上海和深圳这三个分别位于环渤海经济圈、长三角经济圈和珠三角经济圈的典型城市，归纳相关地方法规规章现状。

（1）北京

北京市既有建筑管理相关的地方建设法规规章见表5.2-3。

北京市既有建筑管理相关地方建设法规规章 表 5. 2-3

管理业务	名称	施行日期	管理内容
日常使用	北京市物业管理办法 北京市城市建筑物外立面保持整洁管理规定 北京市房屋建筑使用安全管理办法	2010 年 10 月 1 日 2000 年 8 月 1 日 2011 年 5 月 1 日	物业管理 日常维护保洁 使用管理
检测鉴定	北京市房屋建筑安全评估与鉴定管理办法	2011 年 5 月 9 日	检测鉴定
维修加固	北京市城镇房屋修缮管理规定 北京市城市房地产转让管理办法 北京市实施《住房公积金管理条例》若干规定	1994 年 9 月 2 日 2008 年 11 月 18 日 2006 年 1 月 6 日	维修责任和资金 保修责任 大修的资金来源
拆迁拆除	北京市城市房屋拆迁管理办法（废止） 北京市集体土地房屋拆迁管理办法 北京市房屋拆迁现场管理办法	2011 年 10 月 19 日 2003 年 8 月 1 日 2006 年 8 月 1 日	拆迁安置补偿 拆迁安置补偿 拆除安全和资质
档案管理	北京市城市建设档案管理办法	2003 年 10 月 1 日	档案管理

根据时代发展和社会需求，北京市还陆续制定了《北京市城镇房屋安全检查技术要点》（京房修字〔1994〕第 494 号）、《房屋及其设备小修服务标准》（京房地修字〔1998〕第 799 号）、《北京市城镇住宅楼房大、中修定案标准》（京房地修字〔1999〕第 930 号）和《房屋结构综合安全性鉴定标准》DB11/T 637—2015、《建筑抗震鉴定与加固技术规程》DB11/T 689—2009、《房屋建筑使用安全检查技术规程》DB11/T 1004—2013、《房屋建筑安全评估技术规程》DB11/T 882—2012 等关于既有建筑维修、鉴定、加固的地方标准，对加强和完善既有建筑管理起到重要作用。

北京市从 2011 年 5 月 1 日开始对既有房屋进行定期的安全评估工作，重点针对大型公共建筑，其中新建的人员密集的大型公共建筑钢结构居多。北京市人民政府令第 229 号《北京市房屋建筑使用安全管理办法》中第二十六条规定：学校、幼儿园、医院、体育场馆、商场、图书馆、公共娱乐场所、宾馆、饭店以及客运车站候车厅、机场候机厅等人员密集的公共建筑，应当每 5 年进行一次安全评估；达到设计使用年限需要继续使用的，应当每 2 年进行一次安全评估。要求住房城乡建设行政主管部门会同相关行业主管部门定期对人员密集的公共建筑进行巡查，对未按照规定进行安全评估、安全鉴定、抗震鉴定或者未按照鉴定报告的处理建议及时治理的，应当督促所有权人及时履责，拒不履责的，可以指定有关单位代为履行，费用由所有权人承担。

根据《北京市房屋建筑使用安全管理办法》（北京市人民政府令第 229 号），北京市住建委颁布了《北京市房屋建筑安全评估与鉴定管理办法》（京建发〔2011〕第 207 号），其中第六条规定：房屋建筑所有权人应当根据房屋建筑的类型、设计使用年限和已使用时间等情况，按照下列规定，定期委托鉴定机构进行安全评估：

① 学校、幼儿园、医院、体育场馆、商场、图书馆、公共娱乐场所、宾馆、饭店以及客运车站候车厅、机场候机厅等人员密集的公共建筑，应当每 5 年进行一次安全评估；

② 使用满 30 年的居住建筑应当进行首次安全评估，以后应当每 10 年进行一次安全评估；

③ 达到设计使用年限仍继续使用的，应当每 2 年进行一次安全评估；

④ 建在河渠、山坡、软基、采空区等危险地段的房屋建筑，应当每 5 年进行一次安全评估；

⑤ 梁、板、柱等结构构件和阳台、雨罩、空调外机支撑构件等外墙构件及地下室工程，使用满 30 年应当进行首次安全评估，以后应当每 10 年进行一次安全评估；

⑥ 悬挑阳台、外窗、玻璃幕墙、外墙贴面砖石或抹灰、屋檐等，应当每 10 年进行一次安全评估。

（2）上海

上海市针对优秀近代建筑保护探索出一套行之有效的管理办法：通过制定法律法规，做到有法可依，同时赋予职能部门权限，完善管理体系，依托科研单位，做到技术操作的可行性；此外还在市场经济条件下，多方筹集资金，为优秀近代建筑保护提供经济支持。

上海市既有建筑管理相关的地方建设法规规章见表 5.2-4。

上海市既有建筑管理相关地方建设法规规章　　　　　　　表 5.2-4

管理业务	名称	施行日期	管理内容
日常使用	上海市住宅物业管理规定 上海市房地产登记条例 上海市房地产登记条例实施若干规定	2004 年 11 月 1 日 2009 年 7 月 1 日 2003 年 5 月 1 日	物业管理 权属登记 权属登记
检测鉴定	无		
维修加固	上海市房地产转让办法 上海市居住房屋租赁管理办法 上海市商品住宅维修基金管理办法 上海市住房公积金管理若干规定	2000 年 10 月 1 日 2014 年 5 月 1 日 2001 年 11 月 1 日 2006 年 1 月 1 日	保修责任 维修责任 维修的资金来源 大修的资金来源
拆迁拆除	上海市城市房屋拆迁管理实施细则 上海市拆除违法建筑若干规定	2001 年 11 月 1 日 2009 年 8 月 1 日	拆迁安置补偿 拆除违章建筑
文物保护	上海市历史文化风貌区和优秀历史建筑保护条例 上海市优秀近代建筑保护管理办法 上海市优秀近代建筑房屋质量检测管理暂行规定	2010 年 9 月 17 日 1997 年 12 月 14 日 1995 年 2 月 10 日	日常使用和维修 日常使用和维修 检测管理

此外，上海市还制定了《优秀历史建筑修缮技术规程》DGJ 08—108—2004 和《房屋质量检测规程》DGJ 08—79—2008 等关于既有建筑维修和检测的地方标准。上海市在房地产权属登记、住宅维修基金、拆除违章建筑和文物建筑保护等方面的规定较为全面具体。

（3）深圳

深圳市在大规模城市建设之后，面临土地、资源、环境等发展瓶颈，进入新建与改造并重的阶段，建筑物质量安全与旧城区改造的重要性和紧迫性日益凸显，深圳市政府建设行政主管部门结合深圳实际，从政府职能、主体关系、资金保障、监管机制等方面进行了一系列探索，正在起草的《深圳经济特区房屋安全条例》以法制化保证相关理念、制度和措施的实现。

与内地其他城市不同，深圳市城市建设快速发展过程中，有大量轻工业厂房及配套食堂、宿舍等工程未按基本建设程序进行建设，形成上亿平方米的历史遗留违法建筑，当地出台《深圳市农村城市化历史遗留违法建筑房屋安全检测鉴定管理暂行办法》，对此类房屋进行处理。

深圳市既有建筑管理相关的地方建设法规规章见表 5.2-5。

深圳市既有建筑管理相关地方建设法规规章　　　　　表 5.2-5

管理业务	名称	施行日期	管理内容
日常使用	深圳经济特区物业管理条例 深圳经济特区房地产登记条例 深圳经济特区处理历史遗留违法私房若干规定 深圳经济特区处理历史遗留生产经营性违法建筑若干规定	2008 年 1 月 1 日 2013 年 2 月 28 日 2002 年 3 月 1 日 2002 年 3 月 1 日	物业管理 权属登记 权属管理 权属管理
检测鉴定	深圳市农村城市化历史遗留违法建筑房屋安全检测鉴定管理暂行办法 建设工程质量检测管理办法	2014 年 8 月 1 日 2014 年 6 月 18 日	检测鉴定
维修加固	深圳经济特区房地产转让条例 深圳经济特区房屋租赁条例	1993 年 5 月 1 日 2013 年 4 月 10 日	保修责任 维修责任
拆迁拆除	深圳经济特区房屋拆迁管理办法（废止）	2002 年 9 月 24 日	拆迁安置补偿

5.2.5　机构设置

机构设置主要涵盖在既有建筑安全管理工作当中进行监督管理的政府机构。同时，在既有建筑安全管理工作中发挥重要作用的房屋安全鉴定机构的地位与职责，现尚无统一规定，根据各地实际情况，房屋安全鉴定机构的编制性质包括了行政机关、事业单位及企业等各种身份，因地而异。为便于统一讨论，房屋安全鉴定机构也在本章节机构设置含义范围之内。

1. 监督管理机构

我国目前中央—省—地市三级的房屋安全管理行政主管部门的模式如图 5.2-1 所示。

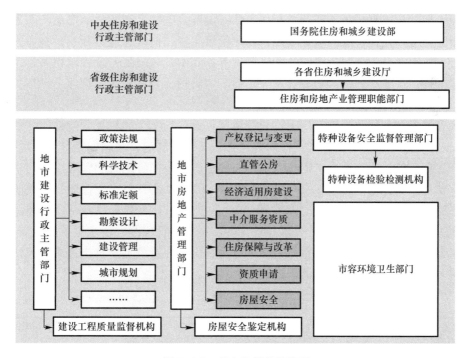

图 5.2-1　现有监管机构设置

各地市根据具体业务需要将建设行政主管部门与房地产行政主管部门分设，既有建筑安全管理通常由房地产行政主管部门主管，其一般下设房屋安全鉴定机构，除负责危险房屋鉴定之外，部分承接建筑物业主提出的一般性房屋检测鉴定业务。电梯等建筑特种设备由特种设备安全监督管理部门负责管理，广告牌等建筑附属设施由市容环境卫生部门管理。

国务院住房和建设行政主管部门对于既有房屋安全管理方面职能设置较为模糊，在住房和城乡建设部公布的机构职能中，工程质量安全监管部门主要负责拟订建筑工程质量、建筑安全生产和建筑工程竣工验收备案的政策、规章制度并监督执行；组织或参与工程重大质量、安全事故的调查处理；组织拟订建筑业、工程勘察设计咨询业技术政策并监督执行；组织工程建设标准设计的编制、审定和推广；组织编制城乡建设防灾减灾规划并监督实施；拟订各类房屋建筑及其附属设施和城市市政设施的建设工程抗震设计规范。房地产市场监管部门主要负责承担房地产市场的监督管理；拟订房地产市场监管和稳定住房价格的政策、措施并监督执行；指导城镇土地使用权有偿转让和开发利用工作；提出房地产业的发展规划、产业政策和规章制度；拟订房地产开发企业、物业服务企业、房屋中介的资质标准并监督执行；组织建设并管理全国房屋权属信息系统。可以看出，工程质量安全监管部门职责中包括了城乡建设防灾减灾规划内容，房地产市场监管部门职责中包括了房地产市场权属管理、产业发展规划和政策等内容，但具体到城镇既有房屋安全管理均未在以上两个部门职责当中出现。

各省、自治区住房和城乡建设行政主管部门下设房地产管理部门指导房产相关工作，但目前房屋安全工作并未成为省一级住房和城乡建设行政主管部门的重点。各省住房和城乡建设厅的住宅与房地产业部门主要负责全省住宅与房地产行业管理，具体包括：行业发展政策的制定；按照法律法规规定的职权划分，负责房地产转让、抵押和租赁管理工作；指导城镇土地使用权有偿转让和开发利用工作；负责全省住宅产业化、房地产开发、城市房屋拆迁、房地产评估、房产登记发证、物业管理工作；负责房地产开发、物业管理企业和房地产估价等社会中介服务组织的资质管理等。其中，与房屋安全管理相关的工作包括城市房屋拆迁、房地产评估、物业管理等，但未明确指出与房屋安全管理工作相关的职责与内容。

各地设置房地产行政主管部门下设分管房屋（设备）安全的相关职能部门，负责房屋（设备）安全管理与维护，其日常工作内容通常包括政策制定、房屋安全鉴定、危房改造、安全生产、白蚁防治、直管房产的经营出租与改造、房屋维修的行业管理以及对优秀历史建筑的保护等，具体内容见表5.2-6。可以看出，房屋（设备）安全管理的相关职能部门既充当了制定政策、行业管理的"裁判角色"，又充当国有直管房屋经营、出租、维修等业务管理工作的"业主角色"，此外部分地区的房屋安全管理部门还承担了房屋安全鉴定、危房改造等具体业务工作，其多重角色集一身的身份往往造成工作负担过重而无法深入具体的改进与提升整个城镇区域内的房屋安全管理。

各地区房屋（设备）安全管理机构职责　　　　　　　　　表 5.2-6

政策制定	负责本地区房屋安全管理政策的制定和落实
安全鉴定	负责组织本地区房屋安全鉴定工作
危房改造	负责编制城市危房改造规划，制定并实施市年度危房改造计划

续表

安全生产	负责指导直属单位安全生产管理工作
白蚁防治	负责本地区白蚁预防行业管理
直管房产	负责指导本地区国有直管房产经营、出租、维修等业务管理工作
行业管理	负责全市房屋维修的行业管理，制定本地区房屋修缮工程技术规范及工程质量等级评定标准
历史建筑	负责优秀历史建筑的确认、维护、使用与保护的监管工作

2. 检测鉴定机构

我国各地、市、县人民政府的房地产行政主管部门已经基本上设立了建筑安全鉴定机构，负责建筑的安全质量鉴定，并且统一启用"房屋安全鉴定专用章"。在一些经济发达地区还成立了具有中介服务性质的建筑安全鉴定机构社会组织，如房屋安全鉴定司法中心，一些地方的建筑科研、质量监督检测、设计单位也开展了建筑安全质量鉴定工作。但全国房屋安全鉴定机构的建设普遍存在规范化程度不高、从业人员技术业务素质偏低、硬件装备不全等问题，难以全面承担房屋安全管理工作的实际。中国物业管理协会房屋安全鉴定委员会在2007年5月召开了全国鉴定机构规范化建设交流大会，沈阳、长春等40个城市的房屋安全鉴定机构联合发出"行动起来，为建设社会主义和谐社会做好房屋安全保障鉴定机构规范化建设"的倡议，鉴定机构的完善已引起社会各界的广泛关注。

各地具体负责房屋安全鉴定部门的业务内容、编制性质也发生了巨大变化：新中国成立初期几乎无人关注房屋安全问题，改革开放初期随着经济建设快速发展而带来的危旧房拆改工作逐渐引起重视，随着改革的深入，房地产市场迅速发展，商品房日渐增多，房屋安全鉴定工作由原来的只关注危旧房屋发展为关注整个城市范围内的所有既有房屋。《物权法》颁布后，人们的维权意识增强，对房屋安全鉴定机构作为中介机构要求也越来越高，其房屋安全鉴定资格问题越来越突出，传统的事业体制已不适应社会经济发展形势。部分城市房屋安全鉴定机构开始尝试突破体制的束缚，而大多数城市房屋安全鉴定机构仍在等待、探讨。房屋安全鉴定机构的性质尚没有统一明确的规定：广州等地房屋安全鉴定已部分或全部市场化运作，房屋安全监督部门主要负责鉴定企业资质管理；北京、天津等地目前将鉴定部门列为政府下属事业单位，经费收支既有财政差额补贴，也有实行自收自支管理的，担负的职责即包括房屋安全鉴定等具体业务，也负责行业管理；上海等地目前基本上采取企业化管理模式，经费收支主要是自收自支。表5.2-7基本反映了当前房屋安全鉴定机构的性质和特点。

房屋安全鉴定机构性质 表5.2-7

编制性质	行政机关	事业单位	企业化管理
人员身份	公务员	事业干部、工人	工人、临时聘用人员
经费收支	财政供给	差额补贴、自收自支	自收自支
职责职能	管理工作（技术市场化）	管理、技术工作	技术工作
典型模式	纯管理	检测鉴定、管理	纯业务
代表城市	广州	京、津、宁	上海
所占百分比	45%左右	40%左右	5%左右

从目前检测鉴定业务开展的情况来看，城市既有建筑检测鉴定基本上仅限于对建筑物

结构系统安全性的鉴定，而且其鉴定业务主要被房地产行政主管部门设立的建筑安全鉴定机构所垄断，非房地产行政主管部门设立的房屋安全鉴定机构（社会中介服务组织），诸如一些已脱钩改制的建筑科研、质量检测、设计单位则很少得到这类业务，专营建筑物结构系统安全性鉴定的社会中介组织机构尚未发展至一定规模。分析造成业务垄断的原因主要包括：

（1）城市既有建筑检测鉴定市场尚未形成规模，其总体容量较小，房地产行政主管部门设立的建筑安全鉴定机构的服务能力基本可以满足市场需求。

（2）由于城市既有民用建筑质量鉴定具备权威性及法律效力，因此房地产行政主管部门不给予审批房屋安全鉴定资质，主观上不希望让这块业务脱离出来。

（3）现行的鉴定收费取消，较难维持鉴定机构的现场勘察、测绘、拍照、鉴定、工资、管理等费用的开支。

在我国，房地产估价、房地产经纪、物业管理三个领域已经建立了统一的执业人员资格和市场准入制度，而在既有建筑质量鉴定方面还没有统一的标准。《北京市房屋安全鉴定工作管理办法》中仅规定"鉴定人员必须持证上岗，掌握有关鉴定标准，熟悉设计、施工技术规范、规程"，但对持什么证并无严格规定。现行的既有建筑安全鉴定人员资格，只需当地房地产行政主管部门审查合格后发给执业资格证书，并且各地的资格证书是不同的，如武汉市称"房屋安全鉴定培训结业证"、宁波市则称"房屋安全鉴定人员上岗证"等。这种资格审查方法很难统一、准确地衡量从业人员的技术水平，建筑质量鉴定人员缺乏系统的教育培训，建筑质量鉴定报告结论的正确性值得商榷。中国物业管理协会房屋安全委员会为提高从业人员水准，已经开展了培训、考核等活动，截至2007年底共计发放了三批《房屋安全鉴定资格证书》，但是其考核内容仍仅限于既有建筑结构系统的安全性，考核深度及资格证书的影响面也有待扩大。

5.2.6 资金来源

我国目前房屋使用管理的资金主要用途为既有建筑的日常维护修缮与房屋的中修及大修，日常检测鉴定费用通常由提出检测鉴定申请的委托人承担。就日常维护修缮与房屋大、中修所需的资金而言，其来源根据房屋权属类型的不同主要有表5.2-8所示几个渠道。

房屋使用管理资金来源 表5.2-8

名称	来源	对象
物业管理费	业主日常缴纳	商品房住宅共用部位小规模修缮
专项维修资金	业主购房时缴纳	商品房住宅中修及大修
财政专项资金	政府拨款	直管公房的维护、修缮（直管公房的范围主要为政府办公用房和产权为国家所有的职工住房）
保修	质量缺陷责任方	所有满足相关法律法规规定的建筑物质量保修
其他	业主自筹	产权为集体或私有的商业建筑及未聘用专业管理的住宅

以上用于房屋安全管理的资金来源渠道中，各项新建商品房住宅房屋共用部位的日常修缮主要来自于业主缴纳的物业费，涉及房屋大修所产生的费用按照相应管理办法，使用住宅专项维修资金。

直管公房使用过程中的维护、修缮主要来自于政府财政的专项资金。商业建筑的使用维修费用主要由业主单位承担，交由物业公司负责。此外，大量的直管公房经房改后未建立起类似于商品房住宅的住宅专项维修资金或专项维修资金不足，有些亦未聘请专业管理人进行管理，尚处于资金和专业管理力量均欠缺的状态。

5.2.7　应急管理和防震减灾

1. 应急管理

我国目前针对各种原因导致的既有建筑安全事故的应急管理工作体系尚在探索和建立过程中。汶川地震后，部分地区，尤其是地震灾区的房屋安全管理部门出台了在多种情况下的房屋安全应急预案，一方面说明当前房屋安全管理终于由"治危"向"防危"的思路转变，另一方面也说明此前对于房屋安全管理工作认识的片面性和局限性。目前我国针对灾害和突发事件的应急管理体系还处于构建过程当中，应急管理工作主要是以城市或区域为单位的整体应急管理，以及针对某一系统的应急管理，如城市供水系统、供电系统等。而针对广泛城镇区域内的功能、类型均较复杂的建筑物而言，针对其单体或整体的应急管理研究较为缺乏。

目前，我国防灾救灾方面主要有5部法律、9部行政法规，法律包括：《突发事件应对法》、《防震减灾法》、《防洪法》、《防沙治沙法》和《气象法》等。行政法规包括：《破坏性地震应急条例》、《地震预报管理条例》、《地震安全性评价管理条例》、《地震监测管理条例》、《地质灾害防治条例》、《人工影响天气管理条例》、《防汛条例》、《蓄滞洪区运用补偿暂行办法》和《汶川地震灾后恢复重建条例》。其中，《防震减灾法》、《地震安全性评价管理条例》等法律法规中均对房屋建筑应对地震、台风、雨雪冰冻、暴雨、地质灾害等自然灾害所采取的工程和非工程措施作出了相应要求。

部分地方对房屋安全突发事故制定了应急预案。北京市建设委员会就《北京市城镇房屋安全突发事故应急预案》公开征求意见，其主要针对由于超过使用年限、修缮不及时或外力作用（如风、雨、雪等），以及由于非正常使用导致的房屋倒塌、人员伤亡等安全突发事故，但因无法抗拒的灾害，如地震、火灾、洪水等造成的房屋安全事故不适用于预案。该预案具体内容包括了组织机构与职责、预警与响应、信息报告与管理、善后处理、保障措施、培训演习与宣传教育等内容。《成都市物业管理中突发公共事件应急预案指引》适用于在成都市行政区域内实行专业化物业管理的建筑区划内的突发公共事件的预防、处置与救援，以及事后总结分析等应急工作的开展。该指引所列突发公共事件包括了自然灾害、事故灾害、公共卫生事件、社会安全事件，其所涵盖的范围除传统房屋主体安全外，还包括了专业化物业管理的建筑区划内应急管理所需的组织结构、人员构成、部门协作等较为全面的内容。《邯郸市房产管理局地震应急预案》、《都江堰市房产管理局突发公共事件应急预案》与《北京市城镇房屋安全突发事故应急预案》类似，主要是从政府房屋安全监督管理部门的角色对房屋安全事故的应急处置的机构设置、程序进行相应说明。

2. 防震减灾管理

我国是世界上主要的"气候脆弱区"之一，自然灾害频发、分布广、损失大，是世界上自然灾害最为严重的国家之一。据统计，我国每年受干旱、暴雨、洪涝和热带风暴等重大灾害影响的人口约达6亿人次，平均每年因受天气气候灾害造成的经济损失约占GDP

的 3%~6%。随着我国经济的快速增长，天气气候灾害造成损失的绝对值越来越大。考虑到天气气候灾害引发的生态、环境、地质、社会、人文、经济等次生灾害，则经济损失更为严重。在长期与自然共存的实践中，社会各界及从事防灾减灾研究、业务、管理人员形成了许多行之有效的预防和减轻自然灾害的措施。而既有建筑作为人民群众生产生活的基本单元与载体，其本身的防灾减灾能力毫无疑问深刻地影响着区域乃至整个社会的防灾减灾水平。自然灾害对既有建筑破坏的严重后果自 20 世纪 90 年代以来就已逐渐显现，1996年海南风灾损坏房屋 7.3 万间，1998 年长江中下游水灾破坏房屋 479 万间，2004 年云娜台风毁坏民居 1.1 万间和工业厂房 247 万 m²，2006 年全国因自然灾害倒塌房屋 193 万间，据不完全统计，2008 年汶川地震倒塌房屋 546.19 万间。面对这样巨大的损失，加强日常使用状态下的既有建筑安全管理和灾害状态下的既有建筑安全应急管理，从而形成针对全寿命的既有建筑安全制度迫在眉睫。

汶川地震后，各方分析垮塌建筑原因中也提到，由于建成年代不一，按照以往低标准建设的既有建筑大量存在，这些建筑物先天的设计标准过低以及建设过程中所存在的各种各样的问题造成在日后的使用过程中安全性逐步降低，同时由于缺乏包括维护、检测、加固等内容的既有建筑全寿命管理制度，造成大量房屋在灾害面前发生种种破坏。汶川地震所带来的重大人员和财产损失在全国范围内引起了政府和民众对在役既有建筑安全性的关注。教育部下发了进一步加强中西部农村初中校舍改造工程质量管理和全面排查校舍抗震安全隐患的通知，要求结合当地抗震设防要求，组织各级各类学校对教学楼、学生宿舍等公共建筑设施进行一次安全隐患排查。通过查阅档案和实地踏勘等方式对学校的每栋建筑物、构筑物等进行逐项检查。对排查出的问题建立资料库；对存在安全隐患的校舍，要立即停止使用，并委托有相应资质的单位进行抗震鉴定，根据鉴定结果制定出抗震加固方案，及时改造加固。可以预见，未来相当长的时间内对全国范围地震活跃带的既有建筑的安全性排查、检测、加固改造以及危险房屋的拆除工作将成为灾后重要工作。

建筑物防震减灾的核心在于结构安全设置水准的设置。而结构安全设置水准上的最大不足在于抗灾能力薄弱。地震、爆炸、撞击、火灾和重大人为错误等天灾人祸是无法避免的，但是出现的概率很低，在早期的建筑物设计中很少考虑。随着社会进步和财富积累，建筑物的抗灾能力越来越被重视，因为正是灾害等突发事件才是建筑物倒塌并造成灾难后果的主要诱因。我国的设计规范对于一般的建筑物在抗灾上只有抗震和防火的要求，而欧洲和其他一些国家的规范为防灾减灾则专门规定了结构的整体牢固性要求。结构的整体牢固性主要指结构在灾害作用下发生局部损坏时不至于引发大范围连续倒塌的能力。每次地震、风灾袭击都要造成大批居民伤亡，主要原因就在于当地建筑物缺乏整体牢固性。我国近年发生的几起建筑物重大安全事故，如辽宁盘锦军分区 5 层办公大楼的燃气爆炸，石家庄棉纺厂家属宿舍遭破坏分子土炸药爆炸，衡阳衡州大厦 8 层商住楼的火灾，都是由于爆炸或火灾引起局部构件损坏后导致大范围连续倒塌，造成极其惨重的人员伤亡。我们已经习惯于将原因完全归咎于自然或人为错误，很少考虑问题的另一方面，即房屋抗灾设计的低标准所带来的建筑损坏和人员伤亡。

5.3　建立健全我国建筑全寿命周期的管理制度

通过对既有建筑管理制度的国际经验和我国既有建筑管理现状的比较和系统分析，我国既有建筑管理面临的问题是一个复杂系统在快速变革时期的不稳定性的实例反映。从制度层面分析，当前制约既有建筑管理发展的因素可通过表 5.3-1 概括。

既有建筑管理制度层面问题　　　　　　　　　　表 5.3-1

层次	具体问题
法律法规	现有中央层面房屋安全立法内容陈旧，无法适应新形势，解决新问题；中央层面行政法规缺位导致无法统筹管理，各地立法思路、内容不尽统一；由于缺少上位法支持，多数地方未推进房屋安全管理立法工作
机构设置	地方建设行政主管部门与房地产行政主管部门的职责分工不明确，缺少相互衔接；房屋安全管理与房屋安全鉴定关系不明确；房屋安全鉴定机构整体技术力量不足，分布密度偏低
资金保障	资金来源复杂，总量较小，无法涵盖所有既有房屋，部分类型房屋管理资金匮乏
技术标准	结构安全设置水准的不足，缺乏结构整体牢固性标准，使用阶段技术标准有待完善
防震减灾	大量既有建筑由于各种原因抗震减灾能力不足； 重要公共建筑设计建造与使用中较少或尚未考虑非传统安全因素
应急管理	房屋安全应急管理机制尚在摸索建立当中，经验尚需积累； 与其他应急管理部门统筹协调不足

5.3.1　对国内建筑拆除的启示

随着城市规模飞速发展，通过拆除老旧建筑物实现城市区域功能的优化提升无可厚非，地方政府和居民通常也将城市拆迁改造视为一个城市进步的标志。但是，无序大规模的拆除尚未达到合理使用寿命的建筑物，是对资源的严重浪费，且由于缺少相应管理法规和技术标准，房屋在拆除过程中倒塌及人员伤亡事故时有发生，建筑拆除应当引起相关部门的足够重视。

建筑已经无法再满足人们生产和生活需要，到达或是提前到达报废期，被拆除是必然的、正确的选择，但拆除发生在建筑物非报废阶段却是不合理的，应该对建筑物的拆除报废进行管理，避免随意拆除。

在建筑拆除方面，发达国家的做法值得我们借鉴。尽可能通过技术维护手段，减免过度拆除，重视老旧建筑的继续使用和保护，在减少不必要的资源浪费的同时，减轻对生态环境的冲击；在办理建筑拆除许可证时，需对建筑使用功能以及结构功能进行详细评估，只有在建筑严重不符合使用要求或严重影响结构安全时方可批准拆除。

我国建筑过度拆除或使用管理，可从制度法规、审批程序、政策导向等方面着手。在制定法律法规时细化拆除法规建设，提升城乡规划法规地位；在落实审批程序时，明确拆除监管部门及其职责，以"补救优先"为基本原则，并重视待拆建筑功能评估；政策导向上充分重视城市的科学规划、资金调控，并提升民众参与力度。

5.3.2　对国内全寿命周期管理的启示

我国房屋建筑管理中出现的问题在发达国家和地区也曾不同程度地出现过。由于国情、社会制度和发展状况的差异，房屋建筑管理中的有些问题是中国国情下所特有的。我国房屋建筑的结构类型、功能、产权状况随着经济发展发生了巨大变化，建筑物产权由过去的单一国有到现在的多样化，不同产权模式下的管理方式也随之发生变化。这些变化给建筑物的日常使用安全管理带来了新的技术上、管理上的挑战。通过对国外全寿命建筑管理模式的研究，我国在建筑全寿命管理方面应吸取以下经验：

（1）从总体质量而言，我国建筑本身的安全储备较低，抗灾害能力较差。虽然我国城市现有人均居住面积已超过某些发达国家和地区的水平，但是对建筑的安全性能和使用功能重视不够。今后对房屋建筑工程建设的重点应该从数量转移到质量上来，进一步提升建筑工程的安全和耐久性质量，以适应现代化社会和建设工程可持续发展的需要。

（2）对房屋建筑的管理应覆盖含维修在内的建筑物全寿命管理。在建筑物质量安全问题上，要从"重视建造活动"管理，转变到从立项决策、设计、施工建造、长期使用直至最终拆除各个阶段的"全寿命"管理上来。要从全寿命的角度专门针对建筑工程制定相对完整、系统的质量安全法规，以弥补现行诸多法规中有关工程使用阶段质量安全管理内容的缺失，并对工程立项决策和工程拆除的管理作出具体规定。要解决现阶段建筑物普遍存在的"先天不足、后天失调"现象，就需从源头抓起，提高建筑物设计的安全设置水准、耐久性要求与施工质量要求；工程投入使用后的管理工作要逐步转移到以预防为主，重在定期检测鉴定、及时维修，而不是现在那样以危房为重点，待建筑物演变成危房后才进行被动处理。

（3）与建筑物管理相关的法规尚不齐全或欠具体，执行与监督机构的设置不到位，影响到建筑工程质量安全管理制度的落实。在以后工作中，应加强建筑工程管理方面相关法律的制定。

（4）加强执法和监督机构落实，重视在役建筑物质量安全的定期检查、鉴定以及对检测鉴定专业机构与人员资质的管理。当通过检测发现建筑物存在质量问题时，政府应依法责成业主或使用单位进行修缮，对违反法令者，应依法惩处。

5.3.3 建立健全建筑全寿命周期的管理

建筑的全寿命周期包括建筑策划、可行性研究、勘察、设计、造价、施工建造、运营管理、维护修缮、报废拆除及回收等。建筑落成之日是建筑生命周期的起点，而日常运营管理是全寿命周期管理的重要组成部分，建筑使用过程中的维护与修缮是对建筑可靠性和可持续性的有力保证，直至报废拆除才到建筑全寿命周期管理的最终环节。因此建立建筑全寿命周期管理的理念是从建设到拆除全过程的管理。

既有建筑拆除是建筑全寿命周期管理的最后一个环节。从理论上讲既有建筑拆除是当建筑到达设计使用寿命的情况下，由专门的建筑拆除单位对其进行的报废处理。原建设部发布《民用建筑设计通则》中规定普通房屋及构筑物设计使用年限50年，纪念性建筑和特别重大的建筑设计使用年限100年。既有建筑物的设计使用年限只是对建筑抵抗荷载能力的评估，当房屋到达设计使用年限时建筑抵抗荷载失效的概率变大，但不意味一定要拆除，可以对其耐久性进行评估并加固延长使用年限。

但是不论建筑的设计使用寿命是多久，建筑的结构耐久性多强，最终都将出现结构耐久性降低到无法使用，建筑物终将面对报废拆除。在经济和社会发展相对滞后的时代，既有建筑拆除通常是发生在报废阶段，只有当房屋无法满足其使用功能时才会考虑拆除。但是随着社会不断地发展，既有建筑物的拆除不再是其本身的使用问题，当城市发展有新的需要时，既有建筑就自然成为拆除的对象。当前既有建筑拆除工程是指对竣工验收建筑进行拆除的工程。既有建筑报废拆除的原因有以下几种：

（1）建筑的作用已经完成。是指那些临时建筑物，为达成某种短期作用而搭建的，这种建筑物当它完成特定的目标时，就会被拆除。

（2）建筑的功能丧失。功能丧失存在几种情况：建筑物年久失修，使用功能完全丧失，又无法修缮的情况，这是一种最自然的情况；依赖某种资源存在的建筑物及其附属构筑物，例如油田的油井及周边建筑，当资源枯竭，这些建筑物再无使用价值时，政府就会选择拆除建筑物，释放土地使用价值；建筑本身存在无法弥补的质量问题，这是建筑物提前拆除的主要原因。

（3）建筑设计使用寿命完结。当建筑达到设计使用寿命时，这是建筑最初设计就预想的拆除时间，是整个社会都公认的，各方都接受的拆除期限。但不是所有的建筑都会被拆除，很多建筑保护完好，结构耐久性依然满足使用功能，那么也是可以保留不被拆除。

上述既有建筑被拆除的原因都是建筑已无法再满足人们生产和生活需要，到达或是提前到达报废期，因此被拆除是必然的、正确的选择。但拆除现象发生在建筑物非报废阶段却是不合理的。

从城市未来发展角度看，城市中大拆大建的开发模式不仅仅产生了大量的社会能源资源的浪费，对城市乃至人类环境的负面影响也非常之大，因此这种局面必须得到有效的控制。为了有针对性地来解决城市建筑短命中所包含的各个环节，应采取有效的措施和对策解决城市建筑短命现象。

既然对既有建筑合理的报废与拆除是建筑全寿命周期管理的其中环节，那么就必须从制度上扼制建筑早夭现象，而非随意拆除。例如建立既有建筑的全寿命周期管理制度，建立既有建筑的登记备案制度，建立既有建筑的建筑性能，特别是耐久性能及建筑功能的检测评估制度，建立建筑拆除的行政审批制度。对于建筑的拆除，必须从法规政策、技术标准、环境保护、节约资源、社会舆论等各方面充分认证。

对我国既有建筑使用和拆除这两个阶段管理的相关内容散见于《建筑法》（建筑物保修和拆除安全管理）、《城市房地产管理法》（房地产权属登记）和《物权法》（业主的建筑物区分所有权）3 部法律，以及《物业管理条例》等行政法规的部分条文中。规划中的《住宅法》也有城乡住宅管理和维修的相关内容，但总体而言这些法律和行政法规实际还相当薄弱，远远不能满足解决现有问题的需要。且至今没有一部专门针对已建成并投入使用的房屋进行安全管理的全国性法规，现行有关房屋安全管理的两部部令或规章为：建设部 129 号令《城市危险房屋管理规定》（2004 年 7 月）、建设部 110 号令《住宅室内装饰装修管理办法》（2002 年 5 月）。其中，《住宅室内装饰装修管理办法》主要是针对"住宅装饰装修"中涉及的问题作出规定，而无法涵盖企业、学校、商场、营业性娱乐、餐饮等人员聚集的公共建筑的房屋安全管理；《城市危险房屋管理规定》主要针对的是年久失修、自然老化的"既有危房"，以"治危"为主要目标，而难以解决近年来大量出现的新问题，难以适应从源头上"防危"的现实要求。由于这两部政府规章本身的特点，虽经修订，但从整体上看，作为房屋安全管理的重要行政依据已日益凸显其滞后性、局限性和缺乏系统性，这是全国各地房屋安全管理机构当前在具体执法中面临的首要难题。

目前，国内部分省市正在不断摸索城市房屋安全管理的新机制与新模式，地方性法规陆续出台，对明确既有建筑责任主体、检查要求、禁止行为和强化行业管理起到积极作用，也为国家级法律法规的出台奠定基础。

应积极推动统筹房屋安全管理的全国性立法，所要体现的原则和解决的主要问题包括：

（1）由"治危"向"防危"、由"结果处理"向"消除隐患"、由"被动管理"向"主动管理"、由"事后管理"向"事前管理"的转变，做到预防为主、防患于未然。

（2）明确建设行政主管部门与房地产行政主管部门的职责分工，有效衔接；把企业、学校、商场等人员密集的公共建筑、临街建筑作为公共安全管理的重点。

（3）总结各地房屋安全管理法制建设的经验，明确房屋产权人或委托人的权利义务，对相关房屋主体结构、地基基础改造活动进行立法。

（4）加强政策引导和科普宣传，使民众具备房屋结构安全的基本常识，从主观上避免随意拆改结构、任意增加使用荷载等不当行为；同时全民动员起来，鼓励对违规、违法行为的举报、投诉。

（5）建立应急机制，一旦发生诸如结构倒塌、地质灾害等重大事故，政府相关部门能即启动，有序组织，力争把危害影响降低到最小。

总体而言，通过对部分发达国家和地区既有建筑管理制度的比较，对我国既有建筑安全管理启示可概括为表 5.3-2。

部分发达国家和地区既有建筑管理经验对我国的启示　　　　　　表 5.3-2

法律法规	机构设置	资金来源
（1）基于既有建筑全寿命周期的管理模式； （2）划分管理对象时适当考虑所有权种类； （3）明确法律法规的核心地位； （4）适当纳入一些强制性技术标准； （5）逐步推进法制化建设	（1）逐步改变多个部门管理一项工作的布局； （2）贯彻服务型政府的理念； （3）适当增加机构分布密度和人员的数量； （4）向业主和相关机构广泛宣传	（1）短期内，拓展专项维修资金的使用方向，积极推进贷款和保险业务的开展； （2）在可以预见的未来，政府财政和其他资源向既有建筑管理倾斜

5.3.4　建筑全寿命周期管理的措施

对我国工程建设中"重新建、轻既有；重数量、轻质量；重建设、轻管理"的现象，提出如下建议：

1. 加强顶层设计和立法研究

（1）制定既有房屋建筑使用安全管理方面法律法规

实践证明，建筑物的安全与服役阶段的使用和维护密切相关，很多安全事故是由于使用不当和维护不善引起的。为此，建议从国家层面做好相关政策法规的完善和制度的顶层设计工作，考虑房屋全寿命周期的管理，并研究制订《房屋建筑使用安全管理条例》，明确责任主体、监管职责，规范房屋建筑使用中的各种行为。同时，学习发达国家和地区的先进经验，以法律的形式强制性要求房屋业主定期对达到一定年限楼龄的危旧房屋进行安全鉴定，对属于危房或不符合有关房屋安全标准的，要求业主自行修缮，或由有关部门强制性进行修缮，使既有建筑的管理有法可依。

（2）进一步明确职责，加强对房屋建筑使用安全的监管

要做好房屋建筑使用安全的管理，涉及建设行政主管部门，房屋行政主管部门，各级

政府、物价、教育等多个政府部门，应通过《房屋建筑使用安全管理条例》等法律法规，进一步明确各部门的职责，使各部门的监督管理做到有法可依，使责任落地。各部门应根据其职责范围，加强宣传和监督管理。对于造成房屋安全隐患的，应按规定给予处罚；对于造成安全事故的，应以危害公共安全罪进行刑事处罚。这有加强执法，才能使房屋使用中的禁止行为落到实处，才能真正发挥法律法规的威慑作用，做到有法必依、违法必究。

2. 加大资金投入整合资源

危房解危要从根本上取得突破，最有效的办法就是对危房进行拆除重建和对成片老旧住宅房屋（小区）进行重建改造，从而彻底解决危房问题。但是，危旧房改造拆迁量大，建设费用昂贵，城市基础设施配套要求高，危改地块的规划条件各不相同，要区别情况分步实施。原拆原建涉及许多政策规定问题，有技术标准、技术规范突破问题，也有项目立项、建设程序审批简化问题，如果这些问题不能突破，则原拆原建遇到阻力很大、难以有效实施。因此必须加大政府资金投入与土地供应，坚持规划先行，整合资源。

建议研究解决危房重建和成片危旧房屋改造涉及的有关建设问题，将危改结合棚户区改造、节能改造及抗震改造起来，整合资源，尽量增加土地的供应，在保障性住房建设、旧城改造（城中村改造）安置房中划出部分房源用于危房住户的异地安置，为先建房后改造创造条件。政府要加大新建和组织廉租屋的力度，本着"解危为主、适当解困"的原则，为危改区内无力购房的居民解决住房问题。

建议探索危旧房改造与住房制度改革相结合的政策，设立危改专项资金，主要来源于财政拨款、危改地块拍卖收益、危改安置剩余房屋销售收入、出让金提取等，实行危改专项资金预算管理和封闭运作模式。

3. 引入市场机制拓宽资金筹措渠道

探讨引入市场机制，拓宽整改资金筹措渠道。

为了使危改的拆迁户有能力购买安置房，建议一方面出台相关政策，向危改区拆迁户提供较低利率、较长还款期的政策性住房公积金贷款，即危改地块的所有拆迁户，可以以回迁房、永迁房或另购住房为抵押，参照房改的有关政策，申请政策性住房公积金贷款。

另一方面研究推进城镇居民住房安全保险机制，结合工程质量保险及财产保险，使保险覆盖房屋全寿命周期。积极探索研究政策性城镇住宅房屋保险制度，选择有意愿、符合条件地区开展试点。研究完善城镇住宅物业保修金制度。例如宁波市镇海区推行的城镇居民住房综合保险，主要是政府主导形式，政府运用保险手段购买公共服务，创新社会管理机制。房屋属个人或者单位所有的，所有权人为房屋使用安全责任人。房屋使用安全责任人应按照房屋已使用的年限适当的合理的承担相应费用，以"政府引导、居民参与、有效覆盖、重在预防"为原则，推进居民住房安全社会保险工作机制。

4. 加强监管机制，建立第三方评估制度

既有建筑量大面广、法律关系错综复杂，建筑安全也不完全是设计和施工质量问题，因此，需要有一个强有力的行政机构进行统筹管理。就目前已知的情况看，有些地方是由建筑质量监督部门主导，有些地方是由房管部门主导，还有些地方是由抗震办主导，管理力度有待加强。因此，必须加强监管机制建设，制订全国统一的技术排查标准，建立危旧房屋安全第三方评估制度。

目前全国没有统一的危险房屋管理机构，住建部虽有危险房屋的管理职能，但从上到下没有专门的管理机构，导致具体工作没人抓，抓而不细，没有落到实处。尤其在经济不发达地区基层管理能力弱化现象严重，脱管、失监时有发生。

危旧房的排查是一项技术性很强的专业工作，住建部工程质量安全监管司在《城镇房屋结构安全排查技术要点（试行）》中明确排查由"房管、产权、物业管理部门的一般技术人员来完成"，但在实际工作中没有建筑结构工程师（或同类工程师）参加，确定危险房屋、潜在危险房屋很难把握，建议排查应由监管（工程质量安全监管）部门相关人员参加。此外，2014年7月13日修订的《城市危险房屋管理规定》有些内容已不适应危险房屋市场化、专业化鉴定的要求，建议再做修订。

同时，建议引入第三方服务的安全评估制度，统一危险房屋评估的技术标准，使房屋使用安全的得到长期有效的监管。根据国内外的经验，对既有建筑物定期安全评估制度是有效实现对各类建筑物安全使用的长效管理的核心手段。它的建立可与设计阶段的施工图审查制度、施工阶段的工程质量监督制度构成建筑物全生命周期的一个完整的建筑工程质量与安全监管制度，有利于改变目前我国对既有建筑物安全监管存在的缺位和失位的现状，并有利于规避政府建设行政主管部门的责任风险。房屋安全鉴定机构的模式一般分为两类，一是由房地产行政部门所属房屋安全鉴定机构承担，身兼二职，不仅承担房屋安全管理，又开展鉴定活动；二是房地产行政管理部门普遍设置专职安全鉴定机构，享受财政拨款。但不管采用哪种模式，机构均属于事业单位。随着市场经济的发展，事业单位人员编制要求越来越严，因此鉴定机构普遍存在人数少、技术力量弱、工作积极性差等问题。承担不了全部房屋检测鉴定的重担。而市场中，技术实力较强的检测鉴定机构由于部令等的限制，不能取得房屋安全鉴定机构的资质。造成有资质的机构干不了，技术实力强的机构没活干的局面。虽然目前部门省市已经允许社会上具有良好技术实力的鉴定机构从事房屋安全鉴定等工作，但总是存在名不正、言不顺的感觉。使能够独立承担民事责任，具有相对稳定的专业评估队伍，管理规范，社会信誉良好的第三方检测评估机构不能在市场中发挥其应有的作用。

5. 统一技术标准

现有的作业指南（技术标准、规程、规范）大部分都是针对新建阶段，不能充分满足既有建筑使用、维护的实际需要。依据现行设计规范对既有建筑进行鉴定，往往会导致过度保守评价，带来难以承受的处理费用。为此，建议开展既有建筑维护方面的标准体系研究和标准编制工作，并建议：

（1）既有建筑检查应满足现行检测技术标准；

（2）既有建筑鉴定应满足《工程结构可靠性设计统一标准》GB 50153的基本原则，综合考虑工程实际状况和荷载历史和设计时的相关标准；

（3）既有建筑的加固改造应满足现行设计规范。

6. 提高从业人员素质

建筑全寿命包括新建和服役两个阶段，其中服役阶段远远大于新建阶段。目前，绝大部分技术人员都投身于新建阶段（即勘察、设计和施工阶段），国家对这个阶段的人员有严格的执业资格要求，如注册岩土工程师、注册结构工程师、注册建造师、注册监理工程师等。而服役阶段（即使用和维护阶段）的工作由业主、物业和房管部门负责，这些部门的从业人员一般都不是专业人员，技术素质不高。

近些年来，有一些第三方检测鉴定机构进入服役阶段，从事既有建筑的检测鉴定。但由于这部分业务缺乏监管（建设部没有相关鉴定资质许可）或缺乏针对性监管（参照检测结构资质要求进行监管），既有建筑鉴定机构的人员素质和实际鉴定效果堪忧。

国务院正在精简或放宽资质许可，并不意味着放任不管。既有建筑是供人使用和存放财产的，其本身就是普通百姓的最大财产。既有建筑的安全是关系国计民生的大事，为此，建议：

（1）进行鉴定机构资质条件研究，适时进行资质许可管理；

（2）进行鉴定人员执业条件研究，适时进行执业资质管理；

（3）组织鉴定人员培训；

（4）组织鉴定项目和鉴定报告的复查。

7. 既有建筑的信息化建设

加强信息化建设，建立既有建筑的数据库和管理平台。对现存既有房屋开展普查，建立既有建筑的数据库和管理平台。设计统一的调查记录格式，对既有危旧房屋的排查、登记实行信息化管理。同时，制定危旧房屋管理信息化建设工作阶段性目标，近期目标首先在县、区级实现"一房一档"，远期目标是形成省级或全国性的危旧房屋数据管理平台，实现对危旧房屋的集中化管理和远程终端控制，便于监管部门掌握危旧房屋动态，及时应对和解决危旧房屋安全问题。

近期目标在县、区级实现"一房一档"；远期目标是与房地产管理平台整合，形成省级或全国性的数据管理平台。

8. 提高全民的房屋安全使用意识

普及房屋安全知识，提高房屋所有人、房屋使用人的房屋安全使用意识。在交付使用后，房屋产权人和使用人不得改变用途、拆改承重结构、超载使用等，应对房屋进行修护，发现问题及时维修。可以通过编制图文并茂、通俗易懂的房屋安全使用手册和危险房屋排查导则，广泛宣传房屋安全知识，培养业主和使用者的房屋安全使用意识，自觉避免"私搭乱建、乱拆乱改"等危害房屋安全行为。

参 考 文 献

[1] 方东平，邸小坛，遇平静，等. 房屋建筑物安全管理制度与技术标准 [M]. 北京：清华大学出版社，2011

[2] 宁波市城市房屋使用安全管理条例 [Z]，2015

[3] 北京房屋建筑使用安全管理办法 [Z]，2011

[4] 杭州市城市房屋使用安全管理条例 [Z]，2015

[5] 吉林省人民政府关于印发加快推进全省城乡危房和各类棚户区改造工作实施方案的通知 [Z]，2013

[6] 仇保兴. 老旧小区绿色化改造——我国绿色建筑发展的新领域 [J]. 城市住宅，2016，23（05）：6-9

[7] 汪重阳. 中德老旧集合住宅改造比较研究初探——中国问题与德国经验 [D]. 郑州大学，2016

[8] 徐莎莎. 老旧小区改造项目绩效评价体系的研究 [D]. 浙江大学，2016

[9] 王健. "新常态"下的经济新增长点在哪里 [N]. 中国经济时报，2014-09-15（006）

[10] 殷丽平，李铌. 由 LEED 引发的中国旧城改造新思考 [J]. 中外建筑，2012，（07）：64-65

[11] Old and New-the Complex Problem of Integrating New Functions into Old Building [J]. Procedia Engineering，2016，（161）：1103-1108

[12] Contribution to the thermal renovation of old buildings：Numerical and Experimental approach for characterizing a double window [J]. Energy Procedia，2015（78）：2470-2475

[13] 中国建筑科学研究院. 建筑工程质量缺陷事故分析及处理 [M]. 武汉：武汉工业大学出版社，2002．9

[14] 万墨林，韩继云. 混凝土结构加固技术 [M]. 北京：中国建筑工业出版社，1995

[15] 袁海军，姜红. 建筑结构检测鉴定与加固手册 [M]. 北京：中国建筑工业出版社，2003

[16] 卫龙武，吕志涛，朱万福. 建筑物评估加固与改造 [M]. 江苏：江苏科学技术出版社，1993

[17] 唐业清，万墨林. 建筑物改造与病害处理 [M]. 北京：中国建筑工业出版社，2000

[18] 王赫. 建筑工程事故处理手册 [M]. 北京：中国建筑工业出版社，1998

[19] 高小旺、邸小坛. 建筑结构检测鉴定手册 [M]. 北京：中国建筑工业出版社，2007

[20] 深圳市历史遗留建筑物安全性检查评估和检测鉴定规程 [Z]. 2011

[21] JGJ/T 23—2011 回弹法检测混凝土抗压强度技术规程 [S]

[22] GB/T 50334—2004 建筑结构检测技术标准 [S]

[23] GB 50144—2008 工业建筑可靠性鉴定标准 [S]

[24] CECS 03—2007 钻芯法检测混凝土强度技术规程 [S]

[25] JGJ/T 208—2010《后锚固法检测混凝土强度技术规程》[S]

[26] CECS 02：2005《超声回弹综合法检测混凝土强度技术规程》[S]

[27] GB/T 50315—2011《砌筑工程现场检测技术标准》[S]

[28] GB/T 50621—2010《钢结构现场检测技术标准》[S]

[29] GB 50292—2015《民用建筑可靠性鉴定标准》[S]

[30] GB 50023—2009《建筑抗震鉴定标准》[S]

[31] GB 50011—2010《建筑抗震设计规范》[S]

[32] GB 50223—2008《建筑工程抗震设防分类标准》[S]

[33] JGJ 125—1999（2004）危险房屋鉴定标准 [S]

[34] GB 50202—2002 建筑地基基础工程施工质量验收规范 [S]

[35] JGJ 79—2002 建筑地基处理技术规范 [S]

［36］ JBJ 123—2000 既有建筑物地基基础加固技术规范［S］

［37］ 韩继云. 建筑物检测鉴定加固改造技术与工程实例［M］. 北京：化学工业出版社，2008

［38］ 韩继云. 建筑物改造加固工程设计与施工［M］. 北京：中国建筑工业出版社，2013

［39］ 韩继云，等. 全国既有建筑的安全管理研究报告［R］. 北京：中国建筑科学研究院，2015

［40］ 韩继云，等. 短命建筑成因及对策研究报告［R］. 北京：中国建筑科学研究院，2016

［41］ 韩继云，等. 老旧小区更新调研报告［R］. 北京：中国建筑科学研究院，2017